ANTHROPOMETRIE

ANLEITUNG ZU SELBSTÄNDIGEN ANTHROPOLOGISCHEN ERHEBUNGEN

VON

RUDOLF MARTIN

ZWEITE VERMEHRTE AUFLAGE

MIT 22 ABBILDUNGEN

SPRINGER-VERLAG BERLIN HEIDELBERG GMBH
1929

SONDERAUSGABE DES GLEICHNAMIGEN BEITRAGES IN DEM „HANDBUCH DER SOZIALEN HYGIENE UND GESUNDHEITSFÜRSORGE“ BAND I. HERAUSGEGEBEN VON A. GOTTSTEIN-CHARLOTTENBURG; A. SCHLOSSMANN-DÜSSELDORF; L. TELEKY-DÜSSELDORF.

ISBN 978-3-662-31474-6 ISBN 978-3-662-31681-8 (eBook)
DOI 10.1007/978-3-662-31681-8

Vorwort zur ersten Auflage.

Die in den folgenden Blättern enthaltene Anleitung ist in erster Linie für den Sozialhygieniker geschrieben.

Die Sonderausgabe rechtfertigt sich durch die große Nachfrage nach einer solchen kurzgefaßten Anleitung.

Es sei ausdrücklich betont, daß anthropometrische Erhebungen nur dann vergleichbare Resultate ergeben können, wenn sie nach streng einheitlicher Methode durchgeführt und in gleicher Weise statistisch verarbeitet werden.

München, im Mai 1925.

R. MARTIN.

Vorwort zur zweiten Auflage.

Die nach drei Jahren notwendig gewordene Neuauflage der Anthropometrie von RUDOLF MARTIN hat die Herausgeberin im Sinne des Verfassers nur insoweit geändert, als es sich einmal um Verbesserung einiger Irrtümer und Druckfehler und dann um die Neuaufnahme verschiedener Abbildungen und bewährter Formeln handelte. Mehr sollte der ursprünglich so knapp und klar gefaßten Anleitung nicht hinzugefügt werden.

München, im Januar 1929.

ST. OPPENHEIM.

Inhaltsverzeichnis.

Einleitung.

Die Bedeutung, welche die Anthropometrie für die medizinische Konstitutionslehre gewonnen hat und immer noch mehr gewinnen wird, macht es notwendig, ihr auch in dem Handbuch der Sozialhygiene ein besonderes Kapitel zu widmen. Nur gestützt auf die Kenntnis von der biologischen Beschaffenheit und Zusammensetzung großer Bevölkerungsmassen wird sich die Sozialhygiene Erfolg von ihrer Tätigkeit erwarten dürfen. Diese Kenntnis kann aber nicht auf Grund allgemeiner Eindrücke einzelner Beobachter erreicht werden, sondern es bedarf dazu umfassender statistischer Erhebungen, die in methodisch einwandfreier Weise angestellt werden müssen.

Die Sozialhygiene ist insofern keine rein medizinische, sondern vielmehr eine biologische Disziplin, als sie nicht an die Erforschung des Krankhaften gebunden ist. Darum bildet die Anthropometrie oder Körperbaulehre einen wissenschaftlich und praktisch wichtigen Teil der Sozialhygiene. Die Anthropometrie (Somatometrie) hat die Aufgabe, 1. den körperlichen Merkmalkomplex der einzelnen Individuen genau, wenn möglich zahlenmäßig, zu erforschen und 2. deren Stellung und Verteilung innerhalb einer bestimmten Population festzustellen, um auf solche Weise diese selbst in ihrem Aufbau und ihrer Zusammensetzung zu erkennen und auf sie wirken zu können.

Der Sozialhygieniker muß also einen anderen Weg einschlagen als der Kliniker und der Psychiater. Er wird nicht versuchen, wenige besonders auffallende, durch pathologische Merkmalkomplexe charakterisierte Körperbautypen herauszuarbeiten, sondern er muß bestrebt sein, sämtliche innerhalb einer Bevölkerung vorhandenen Körperbautypen zu erfassen, ihre prozentuale Beteiligung und ihre physiologische Eignung zu erforschen. Darum ist es besser, zunächst von allen von klinischer Seite aufgestellten Körperbauformen abzusehen und vorurteilslos mit exakten Methoden an die gesamte Bevölkerung oder an einzelne Gruppen derselben heranzutreten und sie einer gleichmäßigen Untersuchung zu unterziehen. Wenn es einmal gelingen sollte, solche Erhebungen, wenn auch in kleinem Ausmaß und mit Beschränkung auf die wesentlichsten Merkmale anläßlich einer Volkszählung vorzunehmen, dann erst werden wir die ideale Grundlage bekommen, die uns einen sicheren Überblick über die körperliche Beschaffenheit unserer Bevölkerung zu geben imstande ist.

Die erste oben bezeichnete Aufgabe ist eine technische, die zweite eine statistische; nur die erstere kann hier behandelt werden. Die Kenntnis der anthropometrischen Technik wird aber nicht nur von dem statistisch arbeitenden Sozialhygieniker verlangt werden müssen, sondern sie wird besonders im Hinblick auf die Frage der Berufseignung auch den Ärzten der Berufsberatungsämter, dem Fortbildungsschularzt und dem Fabrikarzt von Nutzen sein. Schon längere Zeit findet sie Anwendung in der Säuglingsfürsorge, Schulgesundheitspflege und Versicherungsmedizin, bedarf aber auf allen diesen Gebieten einer Verbesserung nach verschiedenen Seiten hin.

Die heute üblichen Methoden, durch Messung und Beschreibung einen exakten Ausdruck für die morphologischen Merkmale eines Menschen zu finden, sind von der Anthropologie zum Zwecke des Studiums fremder Menschenrassen ausgearbeitet worden. Dadurch wurden praktische Anhaltspunkte gewonnen, und die anthropometrische Technik hat heute einen Grad der Genauigkeit erreicht, der kaum mehr zu übertreffen sein wird. Bedingung für eine erfolgreiche Arbeit ist aber allerdings 1. die Benutzung wissenschaftlich einwandfreier Instrumente, 2. gewissenhafte Befolgung der technischen Vorschriften und 3. genügende Übung und Erfahrung des Beobachters.

Ganz anders aber als in der Rassenkunde ist die Fragestellung in der *Sozialhygiene.* Es kann sich bei jener nur um solche Merkmale handeln, durch die der allgemeine Körperbautypus charakterisiert wird. Danach ist die Auswahl der Maße zu treffen, die wieder im Hinblick auf spezielle Fragen eingeschränkt oder ausgedehnt werden muß. Ein gedankenloses Drauflosmessen hat keinen Sinn, sondern jedes Maß muß entweder für sich allein oder in Beziehung zu einem anderen irgendein wichtiges Verhältnis des Körpers zum Ausdruck bringen. Irrig ist die Vorstellung, daß durch Messung nur die äußere Körperform, der Habitus, festgelegt werden könne. Viele unserer Meßpunkte liegen am Skelet, und die von diesem ausgehenden Maße erfassen daher auch den Aufbau des Knochengerüstes, während andere, besonders Umfangmaße, die Beteiligung der Muskulatur und des Fettpolsters an der Zusammensetzung des Körpers erkennen lassen. Allerdings, die einzelne Zahl an sich ist oft tot und nichtssagend und bedarf zum Verständnis der erläuternden Beschreibung und Erklärung.

Daß eine Einheitlichkeit in der Technik, d. h. in der Gewinnung der einzelnen Maße die Grundbedingung ist, um die Resultate verschiedener Beobachter miteinander vergleichen und zusammen statistisch verarbeiten zu können, versteht sich von selbst. Die in den folgenden Blättern mitgeteilten Vorschriften beruhen auf einer 30jährigen Erfahrung; sie sind wiederholt und von vielen Seiten nachgeprüft worden und haben heute eine fast allgemeine Verbreitung gefunden. Es sollte daher an ihnen nichts geändert werden, wenn nicht ganz spezielle Gründe dafür vorliegen.

Zur Erforschung der quantitativen Merkmale des menschlichen Körpers kommen in Betracht:

1. geradlinige Maße, entweder direkte oder projektivische;
2. Umfänge, Kurven und Bogen;
3. Winkel;
4. Gewichte, in erster Linie das Körpergewicht;
5. Volumina;
6. die Berechnung der Körperoberfläche.

I. Instrumentarium.

Zur Feststellung dieser verschiedenen Maßverhältnisse, wobei die in der Einleitung unter 1, 2 und 4 aufgezählten die wichtigsten sind, sind besondere Instrumente notwendig, die zunächst kurz beschrieben werden sollen.

Zur Abnahme der geradlinigen Maße, d. h. der Höhen, Breiten und Durchmesser des Körpers in verschiedenen Ebenen, dienen das Anthropometer, der Stangenzirkel, der Gleitzirkel und der Tasterzirkel.

1. Das Anthropometer. Es gestattet, die Höhenlage irgendwelcher Körperpunkte über der Stand- oder Sitzfläche in Projektion auf die vertikale Körperachse mit absoluter Sicherheit zu bestimmen.

Das Anthropometer besteht aus einem runden, nur an einer Seite etwas abgeflachten, 2 m langen Hohlstab aus Messing, der in 4 Teile zerlegbar ist. Der Stab besitzt eine doppelte Millimeterskala. Die eine erstreckt sich, am unteren Stabende beginnend, von 0—2000 mm über alle 4 Teilstücke, die andere ist auf der entgegengesetzten Seite des Stabes angebracht und läuft in umgekehrter Richtung, mit dem Nullpunkt am oberen Ende des Anthropometers beginnend, nur über die beiden oberen Teilstücke des Stabes. Diese letztere Skala kommt für die Höhenmessungen nicht in Betracht. Dem Anthropometer sind außerdem zwei 28 cm lange, schmale, an dem einen Ende spitz auslaufende und auf einer Seitenfläche mit Millimetereinteilung versehene Stahllineale beigegeben, die bei den neueren Instrumenten mit den römischen Ziffern *I* und *II* bezeichnet sind.

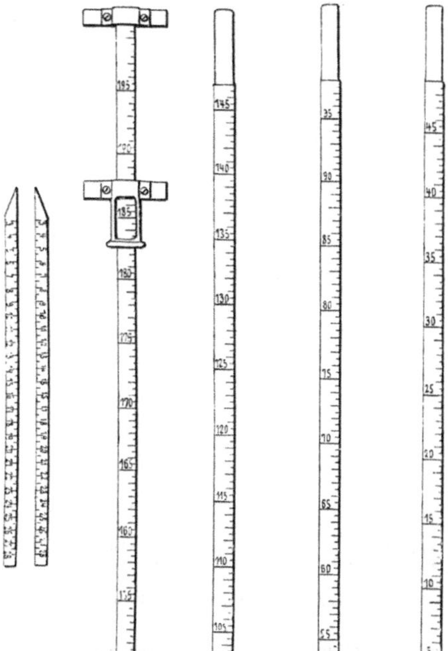

Abb. 1. Anthropometer, in seine 4 Teile auseinandergenommen. Daneben die beiden Lineale. $^1/_8$ n. Gr.

Vor Beginn einer Messung steckt man die vier genau ineinandergepaßten Teilstücke unter Beachtung der beiden Skalen sorgfältig und fest ineinander, so daß die Gradeinteilungen an keiner Stelle unterbrochen sind.

An dem Anthropometerstab gleitet in sicherer Führung ein Metallschieberkästchen mit einem Fensterausschnitt, das an seinem oberen Ende eine Querhülse trägt, in welcher das eine (mit *I* bezeichnete) Stahllineal horizontal verschiebbar ist. Das Lineal muß so in die Schieberhülse eingesteckt werden, daß, wenn man auf den Fensterausschnitt des Schieberkästchens blickt, die Spitze nach links und unten gerichtet und dem Beschauer die nicht eingeteilte Fläche des Lineals zugekehrt ist. (Nur das eine der beiden Lineale entspricht dieser Anforderung.) Ist das Lineal richtig in die Hülse eingeführt, so liegt seine Spitze und Unterkante in einer Linie mit dem Oberrand des Schieberfensters, so daß an diesem die Höhe eines jeden von der Linealspitze oder dem Linealunterrand berührten Körperpunktes über der Stand- oder Sitzfläche abgelesen werden kann. Das Instrument ist jetzt für die Abnahme der Höhenmessungen zum Gebrauch fertig.

Wenn von Höhenmessungen nur die Körpergröße in Betracht kommt, so kann man auch eine gewöhnliche Meßlatte mit Winkelhaken verwenden, wie sie meist in Schulen gebraucht werden. Diese aus Holz gearbeiteten Meßlatten haben aber in der Regel den Nachteil, daß der an ihnen gleitende Winkelhaken zuviel Spielraum hat, so daß das Maß je nach der Handhabung zu klein oder zu groß ausfällt. Meßlatten, die mit einem Sitz verbunden sind, gestatten auch noch die Feststellung der Stammlänge (Sitzhöhe). Bessere Resultate als die Meßlatte mit Winkelhaken gibt ein einfacher, in Millimeter eingeteilter, an der Wand befestigter Meterstab, an dem entlang man einen genau gearbeiteten Holzwinkel herabführt. Dieser letztere muß mindestens 2—3 cm dick sein und 15 cm Seitenlänge haben, damit man ihn bequem mit der Hand fassen und fest an die Wand andrücken kann, wobei er zugleich mit breiter Fläche auf dem Scheitel des Kopfes aufruht.

2. Der Stangen- oder Schieberzirkel, der zur Feststellung der Körperbreiten oder anderer kürzerer Maße, wie z. B. der Fußlänge und Fußbreite, dient. Aus Sparsamkeitsgründen wird als Stangenzirkel einfach das oberste Teilstück des Anthropometer benutzt. Will man größere Körperdimensionen messen, so können auch die beiden oberen Teilstücke des Anthropometer als Stangenzirkel dienen. Zu diesem Zwecke wurde an dem Kopfende des obersten Teilstückes eine zweite, der Schieberhülse entsprechende und mit ihr parallel gerichtete Hülse angebracht, die für das zweite (mit *II* bezeichnete) Lineal bestimmt ist. Dieses wird, unter der Voraussetzung, daß man wieder wie vorhin den Fensterausschnitt des Schiebers und damit die bis 2 m durchlaufende Skala des Stabes gegen sich gerichtet hat, so in die Hülse eingesteckt, daß es, dem Schieberlineal entgegengesetzt, mit der Spitze zwar auch nach abwärts, aber nach rechts sieht. Auch an diesem Lineal muß wieder die nichtgraduierte Fläche dem Beschauer zugekehrt sein, sonst ist das Lineal unrichtig eingesetzt. Es ist vorteilhaft, gleich vor Beginn einer Messung beide Lineale in der angegebenen Weise an dem Stabe anzubringen.

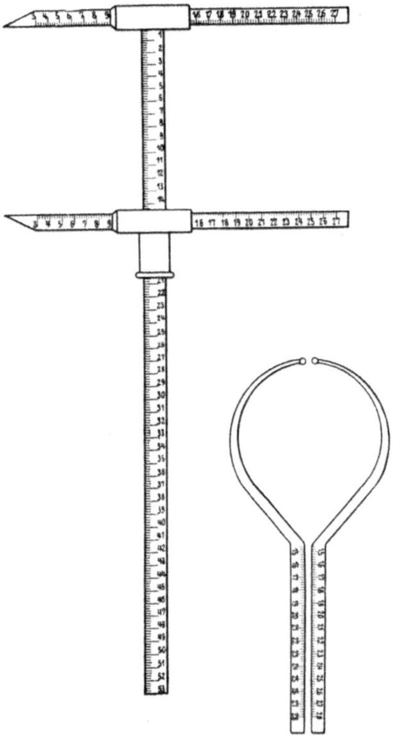

Abb. 2. Stangenzirkel (oberstes Teilstück des Anthropometer) mit eingesteckten Linealen, zum Gebrauch fertig. Daneben die beiden Lineale mit Tasterarmen. $^1/_6$ n. Gr.

Geht man beim Messen von den Höhenmaßen zu den Breitenmaßen über, d. h. will man das Anthropometer in einen Stangenzirkel umwandeln, so hebt man einfach das oberste Teilstück des Anthropometers mit dem Schieberkästchen ab, muß aber nun das Schieberlineal so umstecken, daß es dem oberen Lineal gleichgerichtet ist. Dies geschieht mit einem Griff am raschesten und bequemsten dadurch, daß man, das Stabstück in der linken Hand haltend, das Lineal mit der rechten Hand an seinem hinteren Ende faßt und herauszieht und dann den Stab um seine Längsachse um 180° dreht, so daß jetzt der Fensterausschnitt des Schiebers dem Beschauer abgewendet ist. Hierauf wird das Lineal von neuem von derselben Seite her, d. h. von rechts nach links, so in die Hülse eingeführt, daß seine Spitze nach oben und links schaut. Jetzt sind an beiden Linealen die graduierten Breitseiten gegen den Beschauer gerichtet und die Linealspitzen einander zugekehrt. Zur Abnahme direkter Maße werden beide Lineale gleich lang ausgezogen, d. h. auf dieselbe Millimeterzahl eingestellt. Bei projektivischen Messungen bilden die beiden Lineale zwei rechtwinklige Ordinaten, der Stab des Stangenzirkels die Abszisse, auf die die beiden Endpunkte der zu messenden Linie projiziert werden.

Das Ablesen der Entfernung der beiden Linealspitzen erfolgt beim Stangenzirkel natürlich an der von oben beginnenden Skala, und zwar an dem Oberrand der Schieberhülse, also an der dem Fensterausschnitt entgegengesetzten Seite des Schiebers.

Statt der geraden Lineale kann man auch solche mit einer tasterförmigen Ausbiegung verwenden, was besonders bei Tiefendurchmessern, z. B. beim sagittalen Brustdurchmesser, von Vorteil ist.

Anthropometer und Stangenzirkel müssen leicht transportabel sein, um die Untersuchungen überall vornehmen zu können. Zu diesem Zwecke wird der Stab, wie oben schon bemerkt, in 4 Teile zerlegt, die samt den Linealen in Ösen einer Segeltuchtasche eingesteckt und zusammengerollt nur wenig Raum wegnehmen und vor Feuchtigkeit geschützt sind.

3. Der Gleitzirkel. Er stellt vor allem für die feineren Gesichts- und Winkelmessungen ein sehr handliches Instrument dar, ist der Schiebelehre der Mechaniker nachgebildet und unterscheidet sich von dem Stangenzirkel nur durch seine geringe Größe und die Unverschiebbarkeit seiner Arme. Er besteht aus einem 250 mm langen, beiderseitig mit Millimetereinteilung versehenen Stahllineal, an dessen einem Ende ein 120 mm langer Querarm mit einem zugespitzten und einem stumpfen, abgeplatteten Ende befestigt ist. Ein an dem Stahllineal gleitender Schieber trägt einen zweiten, genau gleich gebauten und gleich langen Querarm. Die Gradeinteilung beginnt mit dem Nullpunkt an der Basis des festen Armes, und der Abstand der Zirkelspitzen bzw. der Innenflächen der Querarme wird an einer abgeschrägten Stelle des Schiebers abgelesen. An diesem Instrumente erlaubt eine kleine Schraube an der unteren Schmalseite des Schiebers, diesen letzteren in jeder beliebigen Lage durch eine rasche Schraubendrehung festzustellen.

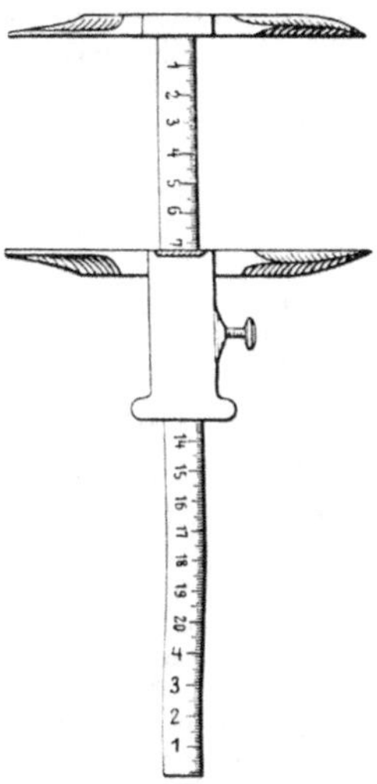

Abb. 3. Gleitzirkel. $^1/_4$ n. Gr.

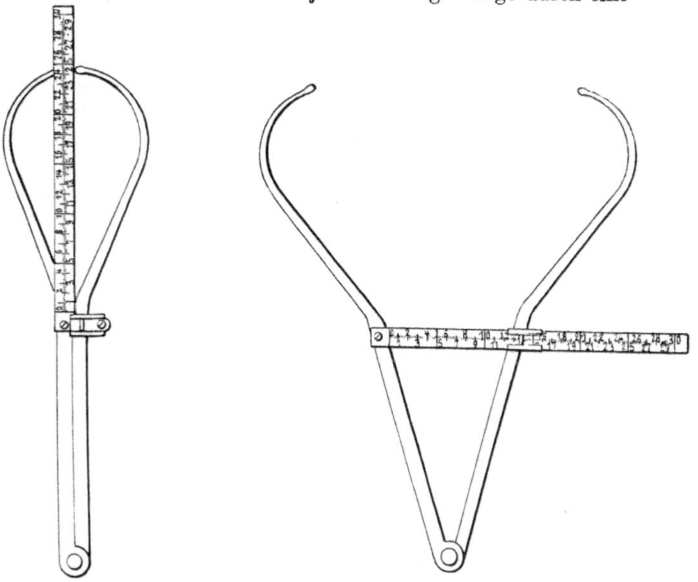

Abb. 4. Tasterzirkel, geschlossen und geöffnet. $^1/_4$ n. Gr.

4. Der Tasterzirkel. Er dient vor allem zur Feststellung der Kopfmaße, soweit sie nicht projektivisch genommen werden müssen. Der Tasterzirkel besteht aus zwei durch ein Gelenk verbundenen Stahlschenkeln, die in ihrem unteren Abschnitt gerade, in ihrem oberen aber seitlich ausgebogen und mit birnförmig abgerundeten Enden versehen sind. Der eine Schenkel

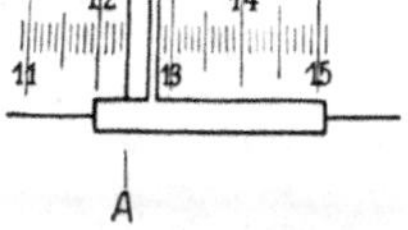

Abb. 5. Ablesung der Maßzahl am Tasterzirkel. A = Kante des Index, wo die Ablesung erfolgt. Aus SCHLAGINHAUFEN, O. 1927, Leitfaden für die anthrop. Untersuchungen an den schweiz. Stellungspflichtigen. Zürich. S. 12.

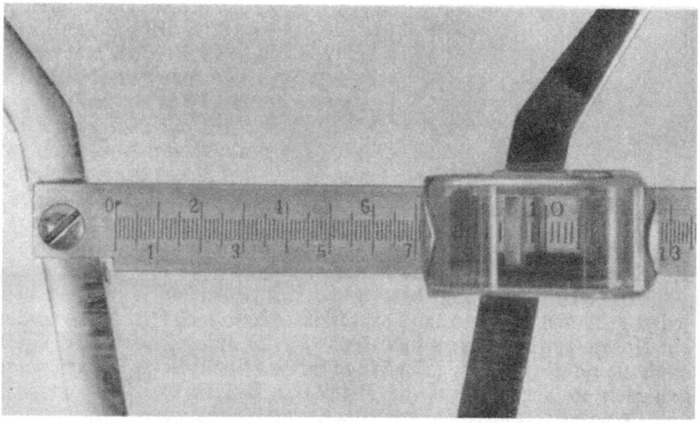

Abb. 6. Aufsetzlinse für den Taster zum besseren Ablesen der Skala. Plankonvexer Kronglaszylinder in Metallrahmen nach DAVIDSON BLACK.

trägt an der Stelle, wo die Abbiegung beginnt, den Drehpunkt eines mit Reduktionsstellung versehenen Stahllineals, welches in einem am anderen Schenkel drehbar angebrachten Führungskästchen mit Index hin- und hergleitet. Die maximale ablesbare Entfernung der Zirkelspitzen beträgt 300 mm. Die Ablesung erfolgt an der abgeschrägten

Kante des Index des Führungskästchens. Eine kleine Schraube an der Unterseite des letzteren gestattet, die Tasterarme in jeder Lage zu fixieren und damit die Richtigkeit des abgelesenen Maßes zu kontrollieren. In geschlossenem Zustande kann das Instrument bequem in die Tasche gesteckt werden; das Stahllineal liegt dann auf den sich mit ihren Enden berührenden Tasterarmen. Will man die Messung beginnen, so zieht man die beiden Arme soweit auseinander, daß man das Lineal in das Führungskästchen einstecken kann. Die Schraube des letzteren wird dann so gestellt, daß eine halbe Umdrehung genügt, um das Lineal zu fixieren.

5. Das Bandmaß. Dasselbe dient zur Messung von Kurven und Umfängen. Für anatomisch-medizinische Zwecke kommt nur ein Stahlbandmaß von 150—200 cm Länge in Betracht. Bandmaße aus gewebtem Stoff differieren infolge der schlechten Einteilung unter sich und vom Normalmetermaß oft um 10 mm und dehnen sich außerdem im Gebrauch.

Die drei letztgenannten Instrumente, Gleitzirkel, Tasterzirkel und Bandmaß werden zugleich mit einem Dermographen und einem Bleistift in einer leicht transportablen Segeltuchmappe, die auch noch eine Tasche für die Beobachtungsblätter enthält, geliefert. Als Fabrikant für anthropologische Apparate kam früher nur die feinmechanische Werkstätte von P. Hermann, Rickenbach & Sohn in Zürich in Betracht; seit 6 Jahren werden die obengenannten Instrumente aber auch von Alig & Baumgärtel, Präzisionswerkzeugfabrik in Aschaffenburg, hergestellt und können direkt von dort bezogen werden.

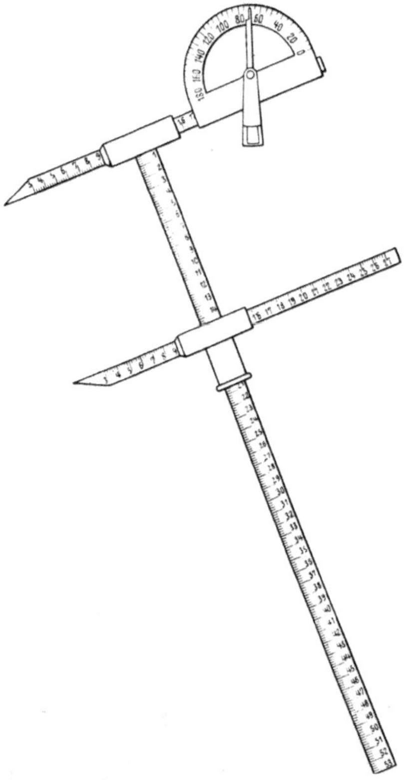

Abb. 7. Ansteckgoniometer, an dem Stangenzirkel angebracht. $^1/_6$ n. Gr.

6. Das Ansteckgoniometer. Es gestattet die Abnahme verschiedener Winkel am Körper, z. B. die Neigung des Brustbeines zur Vertikalen, die Neigung der Gelenk- und Beckenachsen zur Horizontalen, und besonders die Messung von Kopf- und Gesichtswinkeln. Es besteht aus einem Metallgradbogen mit Zeiger, der sowohl an den oberen Arm des Gleitzirkels wie an das Lineal des Stangen- oder Tasterzirkels angesteckt werden kann. Zu diesem Zweck wird das Lineal in die an der Hinterfläche des geraden Transporteurrahmens angebrachte Hülse eingesteckt und mittels zweier Schrauben festgeschraubt. Die Ablesung erfolgt entweder an der Spitze des Zeigers, oder an der Strichmarke des Fensterausschnittes, der am hinteren Ende des Zeigers angebracht ist. Das Instrument muß natürlich immer in einer bestimmten Ebene gehalten werden, da es den einen Schenkel des zu messenden Winkels darstellt.

7. Die Wage. Zur Feststellung des Körpergewichtes dienen am besten amtlich geeichte Personenwagen mit Laufgewichtsanordnung von 200 kg Wiegekraft, die entweder mit Standbrücke oder mit Sitz eingerichtet sind. Einfache Dezimalwagen sind auch verwendbar, erfordern aber bei Massenuntersuchungen durch das beständige Auswechseln der Gewichte zuviel Zeit. Zeigerwagen, die das Gewicht durch Zusammendrücken einer Feder oder durch Pendelausschlag anzeigen, geben nach längerem Gebrauch ungenaue Resultate, da die Elastizität der Feder im Laufe der Zeit nachläßt.

Unerläßlich ist eine beständige Kontrolle der Wage, eigentlich vor dem Beginn einer jeden größeren Reihenwägung und besonders nach Ortsveränderungen. Man verwendet dazu ein Normalgewicht, das mindestens $^1/_{10}$ der Wiegekraft der Wage betragen muß. Man prüfe auch die richtige Stellung der Wage mittels Senkblei und Waserwage und lasse den zu Wiegenden sich stets genau auf die Mitte der Brücke stellen.

Volumen- und Körperoberflächenmessungen kommen nur für Spezialfragen in Betracht, so daß die für deren Bestimmung verwendeten Methoden übergangen werden können.

II. Körpermaße.

In den folgenden Blättern sollen nur diejenigen Körpermaße behandelt werden, die für die Kenntnis des Körperbaues am wichtigsten und die zugleich auch die gebräuchlichsten sind. Auf die genaue Befolgung der hier gegebenen Vorschriften ist zu achten, da jede Änderung der Technik auch das Resultat beeinflußt. Vor dem Beginn größerer Messungen muß die notwendige Übung erworben werden, was nur durch wiederholte Messungen an einzelnen Individuen erreicht werden kann. Sämtliche Messungen sind am unbekleideten Individuum vorzunehmen, höchstens das Anlegen einer die Schamteile bedeckenden Binde kann gestattet werden. Jedes weitere Kleidungsstück aber, und sei es nur ein Hemd oder ein Badeanzug, beeinträchtigt die Genauigkeit der Bestimmung der Meßpunkte und macht die Beobachtung des so wichtigen äußeren Körperreliefs unmöglich. Beobachter, die mit dem nötigen Takt und mit wissenschaftlicher Sachlichkeit vorgehen, werden keinen Widerständen begegnen. Schulkinder sollten unbekleidet aber nur einzeln, nicht in Anwesenheit ihrer Genossen, gemessen werden. Man erledige, um das Individuum nicht zu ermüden, sämtliche Messungen in rascher Folge hintereinander, was dadurch erleichtert wird, daß man die gefundenen Zahlenwerte einem Gehilfen zuruft, der sie zur Kontrolle wiederholt und in das Beobachtungsblatt einträgt. Die Reihenfolge der Maße muß derart sein, daß im Interesse möglichster Zeitersparnis ein Maß praktisch leicht nach dem anderen genommen werden kann, und daß ein wiederholtes Auswechseln der Instrumente vermieden wird. Bei unruhigen Personen, bei welchen die Möglichkeit besteht, daß sie ihre Körperhaltung während des Messens verändern, wird man vorteilhafterweise sämtliche Meßpunkte, ehe man mit den Messungen beginnt, aufsuchen und mit dem Dermographen auf der Haut durch kleine Kreuzchen oder dünne kurze Striche markieren. Bei dieser Aufzeichnung der Punkte achte man sorgfältig darauf, daß man die Haut nicht während der Palpation auf ihrer Knochenunterlage verschoben hat.

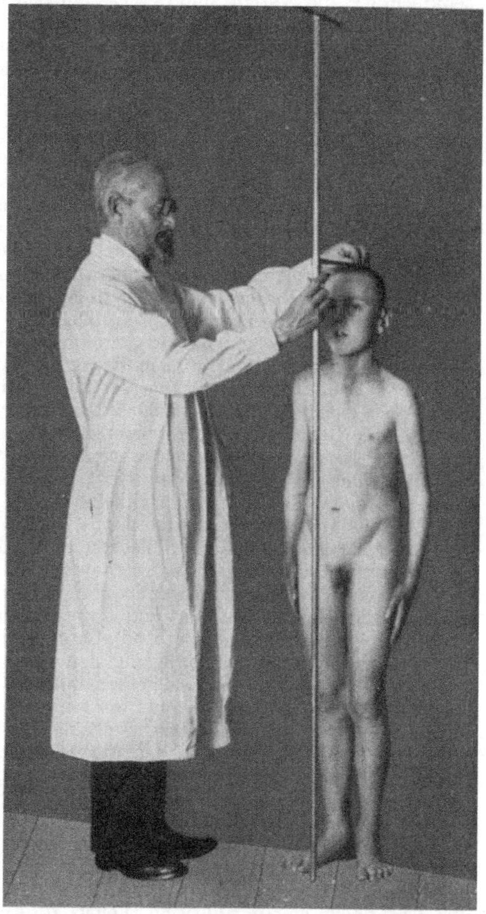
Abb. 8. Messung der Körpergröße mit dem Anthropometer.

Körpergewicht [Nr. 71][1]. Für wissenschaftlich brauchbare Untersuchungen kommt ausschließlich das Nacktgewicht in Betracht. Alle durch Abzug von Kleidergewichten berechneten Körpergewichte geben nur ganz approximative, für individuelle Fälle durchaus wertlose Zahlen, denn das Gewicht der Kleider unterliegt bei unserer Bevölkerung je nach Geschlecht, sozialem Stand und Jahreszeit großen Schwankungen. Wo unüberwindliche

[1] Die in eckigen Klammern beigefügten Zahlen beziehen sich auf die Nummern in der somatometrischen Technik des Lehrbuches der Anthropologie von Rudolf Martin. Jena, 1928, S. 150ff.

Schwierigkeiten die Abnahme des Nacktgewichtes unmöglich machen, wird man schließlich das Individuum mit dem Hemd bekleidet wiegen müssen. Als mittleres Hemdgewicht wird bei erwachsenen Männern durchschnittlich 350 g, bei Frauen durchschnittlich 160 g in Abzug gebracht werden müssen. Wo kein Abzug gemacht wird, ist auf dem Meßblatt anzugeben: Gewicht im Hemd. Die Wägung selbst muß auf 100 g genau festgestellt und das Gewicht in Kilogramm eingetragen werden. Bei wiederholten Wägungen des gleichen Individuum ist die Tageszeit zu berücksichtigen, da unter normalen Verhältnissen das Körpergewicht im Laufe des Tages regelmäßig zunimmt.

Körpergröße [Nr. 1]. Sie ist gleich der vertikalen Entfernung des Scheitels von der Bodenfläche beim aufrechtstehenden Individuum. Zur Bestimmung der Körpergröße und der folgenden Höhenmaße wird das Individuum aufrecht in guter natürlicher Haltung so an eine senkrechte Wand gestellt, daß es diese mit den Fersen, mit Gesäß und Rücken, jedoch nicht mit dem Hinterkopf berührt. Der Kopf darf nicht nach der Seite geneigt und muß von dem Beobachter so eingestellt werden, daß der leicht palpierbare Unterrand der Orbita und die Oberränder der beiden Ohrecken (Tragus) in eine Horizontale zu liegen kommen. Es genügt in der Regel die Bestimmung der Ohr-Augenhorizontalen an der einen, am bequemsten an der rechten Kopfseite. Die Schultern dürfen nicht hochgezogen werden, und die möglichst gestreckten Arme hängen an den Seiten des Körpers herab, so daß die Handteller gegen die Seitenflächen der Oberschenkel sehen. Nun stellt sich der Beobachter an die rechte Seite der zu messenden Person, indem er das Anthropometer nur mit 3 Fingern seiner rechten Hand am Unterrand des Schieberkästchens festhält. Das Instrument muß dabei senkrecht und genau in der Medianebene vor dem Individuum, und das langausgezogene Schieberlineal einige Zentimeter über dem Scheitel des Individuum stehen. Jetzt schiebt man das Schieberkästchen langsam herab, bis der Unterrand des Lineals den Scheitel (Vertex) berührt, was mit Daumen und Zeigefinger der linken Hand kontrolliert wird, und liest die Körpergröße auf Millimeter genau am Oberrand des Fensterausschnittes ab. Auch bei allen folgenden Höhenmessungen hält man das Anthropometer in der rechten Hand, während man mit der linken Hand je nach Bedürfnis das Schieberlineal auszieht oder zurückschiebt und die Meßpunkte palpiert. Das Vertikalhalten des Instrumentes macht nur dem Anfänger einige Schwierigkeit, die aber nach kurzer Übung überwunden wird. Im übrigen kann man die unteren 10 cm des Anthropometers auch in eine Fußplatte mit Hülse einlassen, wodurch das Instrument von selbst senkrecht stehenbleibt, oder aber Posnanskys Libelle (vgl. Lehrbuch der Anthropologie 1928, S. 128, Anm. 2) an irgendeiner Stelle des Anthropometer mittels zweier Klammern anbringen und an den beiden Wasserwagen die senkrechte Haltung des Instrumentes feststellen.

In einzelnen, besonders klinischen Fällen kann die Bestimmung der Körpergröße und der anderen Höhenmaße am Aufrechtstehenden unmöglich sein. Man ist dann genötigt, die Messungen am Liegenden vorzunehmen in der Art, wie man Leichenmessungen ausführt, wozu wieder das Anthropometer verwendet werden kann. Allerdings muß die Unterlage durchaus eben sein. Messungen im Bett oder auf einer nachgiebigen Matratze sind unbrauchbar. Dagegen genügt irgendein Tisch, auf den man das Individuum mit dem Rücken der Länge nach ausgestreckt legt und an dessen unterem Ende man ein senkrechtes Brett anbringt, an das die Fußsohlen angestemmt werden. An den oberen Abschnitt dieses ungefähr 35 cm hohen und 40 cm breiten Brettes wird eine 6 cm lange, horizontal gestellte, halbierte Metallhülse angebracht, in die man das untere Ende des Anthropometer legt, so daß der Nullpunkt des Stabes der Fußplatte entspricht. Ein gleich hohes Stativ mit entsprechender halbierter Metallhülse wird an das Kopfende gestellt und ist dazu bestimmt, den oberen Teil des Instrumentes aufzunehmen. Der Stab des Anthropometer liegt nun genau horizontal in der Medianebene über dem zu Untersuchenden, und man braucht das Schieberlineal nur von oben herunter auf die Meßpunkte zu führen, um die entsprechenden Höhen ablesen zu können. Unter den Kopf wird ein Kissen gelegt, weil jetzt die Ohr-Augenebene senkrecht zur Tischfläche stehen muß (vgl. Lehrb. d. Anthrop. 1928, Fig. 51, S. 130).

Ich möchte aber ausdrücklich darauf hinweisen, daß die am Liegenden gewonnenen Maßzahlen nicht mit den im Stehen ermittelten verglichen und zusammen verarbeitet werden dürfen. Nach eigenen Beobachtungen an mittelgroßen Individuen konnte ich durchschnittliche Unterschiede von 14—55 mm für die einzelnen Höhen bei großen individuellen Schwankungen feststellen. Es sind eben im Liegen die Stellung des Beckens und die Krümmungen der Wirbelsäule ganz andere als im Stehen. Auch werden im Liegen die Schultern hochgezogen, und durch die Verlagerung der Eingeweide verändert sich auch die äußere Form des Abdomens und Brustkorbes und damit Nabel- und Mammillenlage. Es ergibt sich also eine ganz andere äußere Körpertopographie als beim Stehenden.

Stammlänge (Sitzhöhe) [Nr. 23]. Sie entspricht der vertikalen Entfernung des Scheitels von der Sitzfläche, d. h. der Tubera ischiadica bei aufrechter Körperhaltung. Das Individuum muß auf einem 40 cm hohen Hocker mit gebeugten und geschlossenen Beinen und in straffer, aufrechter Haltung sitzen. Der Kopf ist wieder in die Ohr-Augenebene einzustellen. Man nimmt das Maß in der Weise, daß man das Anthropometer senkrecht in der Mitte des Rückens des zu Messenden auf die Sitzfläche stellt und das Schieberkästchen soweit herabführt, bis die Unterkante des Lineals auf dem Scheitel aufliegt.

Die Methode, die DREYER[1] zur Messung der Stammlänge (von ihm fälschlich als Rumpflänge bezeichnet) anwendet, wobei das Individuum mit leicht angezogenen Beinen auf dem Boden sitzt, mit dem Rücken gegen eine Wand bzw. die Meßlatte, ergibt andere Resultate als die von mir vorgeschriebene Technik. Dagegen ist die von PIRQUET[2] angewandte Methode der meinen identisch, nur daß der PIRQUETsche Schieber der Meßlatte, wie bei allen ähnlichen Meßlatten, ein etwas großes Spiel besitzt, wodurch eine nicht leicht zu kontrollierende Fehlerquelle gegeben ist. Bei Neugeborenen, Säuglingen und kleinen Kindern wird die Messung der Stammlänge am besten liegend auf einer Meßbank vorgenommen, wobei Scheitel und Gesäß zwischen 2 vertikale Holzplatten eingespannt werden. (Vgl. hierzu den Meßapparat nach A. H. SCHULTZ, Lehrb. d. Anthrop. 1928, Fig. 47, S. 120).

Zur richtigen Abnahme der im folgenden aufgezählten Maße ist die genaue Kenntnis einiger Meßpunkte nötig, die meistens durch die Skeletunterlage gegeben sind. Um die Beschreibung, über die im einzelnen keine Zweifel bestehen werden, zu unterstützen, ist Abb. 9 (S. 10) beigegeben, auf welcher diese Meßpunkte durch kleine Punkte bezeichnet sind.

Rumpflänge. Als zuverlässigstes Maß, das wir feststellen können, empfehle ich die *Länge der vorderen Rumpfwand* [Nr. 27], weil alle an der Rückenfläche des Körpers gewonnenen Rumpfmaße infolge der individuell wechselnden Ausbildung und Richtung der Dornfortsätze unsichere Resultate ergeben. Das Maß kann direkt mit dem Stangenzirkel [Nr. 27a] oder indirekt mit dem Anthropometer genommen werden. Dazu sind 2 Maße nötig:

a) *Höhe des oberen Brustbeinrandes über dem Boden* [Nr. 4]. Als Meßpunkt dient das Suprasternale, das ist derjenige Punkt am Oberrand der Incisura jugularis, der von der Medianebene geschnitten wird. Der Punkt ist bei den meisten Menschen durch eine deutliche Grube charakterisiert. Das Maß wird am besten direkt nach der Feststellung der Körpergröße genommen. Zu diesem Zwecke läßt man das Anthropometer ruhig an seiner ursprünglichen Stelle stehen, neigt es nur ein wenig nach außen, stößt das Schieberlineal leicht zurück, um das Schieberkästchen am Gesicht des zu Messenden vorbei bis in die Höhe des oberen Brustbeinrandes (Incisura jugularis) herabführen zu können. Nun zieht man das Schieberlineal bei senkrecht stehendem Anthropometer wieder soweit aus, daß die Spitze auf dem als Suprasternale bezeichneten Meßpunkt aufliegt, was mit dem Zeigefinger der linken Hand leicht kontrolliert werden kann.

b) *Höhe des oberen Symphysenrandes über dem Boden* [Nr. 6]. In gleicher Weise wie eben beschrieben, d. h. ohne das Anthropometer von seinem Platze zu rücken, zieht man das Schieberkästchen bis in das Niveau des Oberrandes der Symphysis ossium pubis herab. Der hier gelegene Meßpunkt (Symphysion) wird leicht gefunden, wenn man die flache Hand mit gestreckten Fingern auf die vordere Bauchwand des zu Messenden legt und unter leichtem Druck nach innen soweit nach abwärts führt, bis die Spitze des 3. Fingers auf eine harte Unterlage stößt. Hier ist der gesuchte Meßpunkt, der meist im Niveau der oberen Schamhaargrenze bzw. einer kleinen transversalen Beugungsfurche liegt, die besonders bei Kindern den Schamberg deutlich nach oben begrenzt. Das Symphysion entspricht also stets dem höchsten Punkte der Symphyse in der Medianebene und darf nicht auf der Vorderfläche oder gar in der Nähe der äußeren Geschlechtsteile gesucht werden.

Durch Abzug des letzteren von dem vorletzten Maß berechnet man die *Länge der vorderen Rumpfwand* [Nr. 27], oder man setzt die beiden Spitzen der Lineale des Stangenzirkels an Suprasternale und Symphysion an und liest das Maß direkt ab. Die indirekte Messung ist aber vorzuziehen, weil man dadurch zugleich die Höhenlage wichtiger Körperpunkte über dem Boden erhält, was für die Konstruktion einer Proportionsfigur (s. weiter unten) notwendig ist.

OEDER (Zeitschr. f. Versich.-Med. 1909, Bd. 2, S. 15—16) bestimmt zur Berechnung einer Oberlänge und Unterlänge des Körpers und einer sog. proportionellen Körpergröße die *Höhe der Mitte der Symphyse über dem Boden* [Nr. 6b]. Sie liegt ungefähr 2 cm tiefer als der Oberrand, ist aber nach meinen Erfahrungen nur schwer genau zu bestimmen. Die Messung eines so nahe an den äußeren Geschlechtsteilen liegenden Punktes wird auch meist als sehr unangenehm empfunden.

Zur weiteren Charakterisierung des Rumpfes dienen die folgenden Maße:

Breite zwischen den Akromien (Schulterbreite) [Nr. 35]. Geradlinige Entfernung der beiden Akromialpunkte voneinander. Der zur Messung einzig verwendbare Akromialpunkt

[1] DREYER, G., 1921: The Assessment of Physical Fitness. New York, S. 5—6.
[2] PIRQUET, C. v., 1917: System der Ernährung. Berlin, S. 50.

liegt ungefähr in der Mitte des Seitenrandes des von hinten unten nach vorn oben ansteigenden Akromion und ist gewöhnlich zwischen zwei etwas divergierenden Ursprungsportionen des M. deltoideus leicht zu fühlen. Frontalschnitte durch das Schultergelenk beweisen, daß ein auf diese Weise bestimmter Punkt nur 3—5 mm höher als der Oberrand des Humeruskopfes gelegen ist. Man faßt den horizontal gehaltenen Stangenzirkel mit der rechten Hand von oben her an seinem oberen Ende, mit der linken am Schieberkästchen, nachdem man die Stahllineale der Länge der Zeigefinger entsprechend ungefähr 90 mm ausgezogen hat. Ich

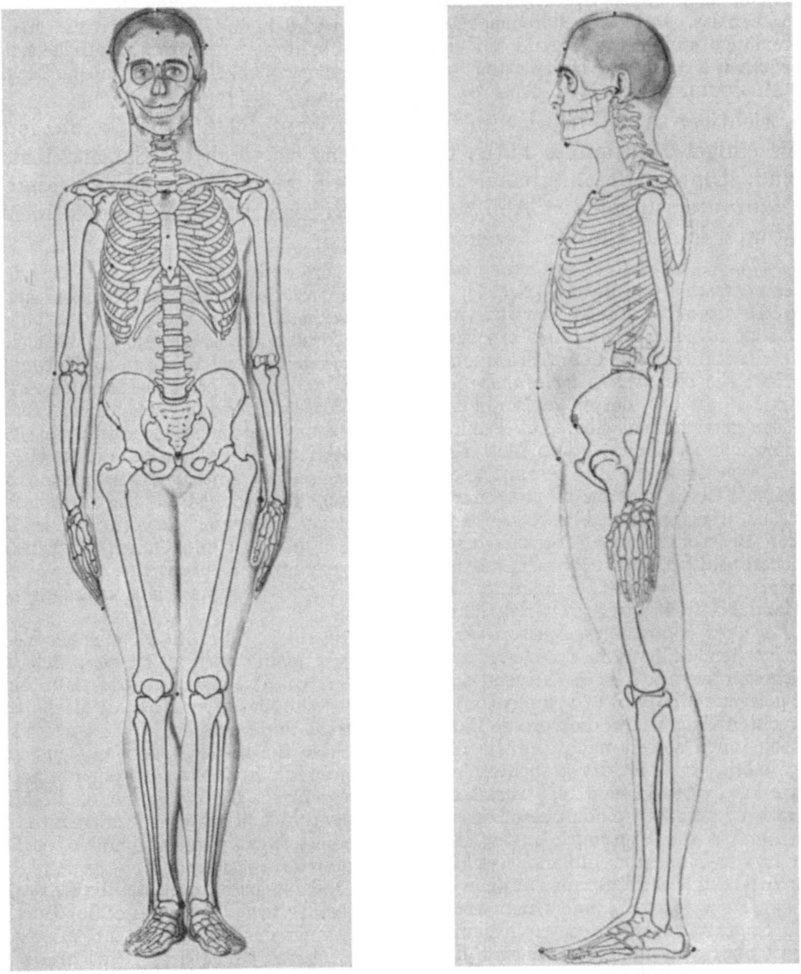

Abb. 9. Umrißfigur eines Mannes mit eingezeichnetem Skelet in Vorder- und Seitenansicht. Die kleinen Punkte stellen die Meßpunkte dar, an denen die Maße genommen werden müssen.

palpiere zuerst beide Meßpunkte mit den Fingerbeeren der auf den Stahllinien aufliegenden, ausgestreckten Zeigefinger. Hierauf lege ich die Spitze des oberen Stahllineals an den Seitenrand des linken Akromion und schiebe das Schieberlineal langsam an das rechte Akromion. Man kann bei dieser Technik leicht mit den Fingerspitzen feststellen, ob die Lineale wirklich den Meßpunkten richtig anliegen. Die Ablesung des Maßes erfolgt, wie bereits erwähnt, auf der oben angegebenen Maßskala und zwar am Oberrand des Schieberkästchens. Eine an den stärksten seitlichen Ausladungen der Mm. deltoidei gemessene Schulterbreite ist mit der Akromialbreite natürlich nicht vergleichbar.

Größte Breite zwischen den Darmbeinkämmen [Nr. 40], d. h. zwischen den beiden am meisten seitwärts ausgeladenen Punkten der Cristae iliacae. Handhabung des Instrumentes wie bei der Bestimmung der Akromialbreite, nur müssen bei korpulenten Personen die Lineale länger ausgezogen werden. Man drücke die Lineale nur leicht an den Körper an und hüte sich vor allem davor, das Maß oberhalb statt an den Seitenrändern der Darmbeinkämme zu nehmen, da die größte Breitenentwicklung gemessen werden soll.

Größte Hüftbreite [Nr. 42a]. Es handelt sich bei diesem Maße um die Feststellung der größten Breite in der Hüftregion, die sich bei mageren Personen mit der Breite zwischen den großen Rollhügeln (Trochanterbreite) deckt. Bei muskulösen und fettleibigen Individuen wird das Maß aber durch die seitlich über den Trochanteren vorspringenden Muskel- bzw. Fettmassen bedingt. An diese seitlichen Ausladungen werden die Lineale des horizontal gehaltenen Stangenzirkels fest, aber ohne einzudrücken, angelegt.

Zwei weitere Breitenmaße des Rumpfes sind für die allgemeine Topographie der vorderen Rumpfwand wichtig:

Breite zwischen den Brustwarzen (Mammillardistanz) [Nr. 38]. Das Maß wird mit dem Stangenzirkel genommen, wobei man sich nur davor hüten muß, mit den Spitzen des Stangenzirkels die Brustwarzen selbst zu berühren. Bei Frauen mit Descensus mammae hat es keinen Sinn, dieses Maß zu nehmen.

Breite zwischen den vorderen oberen Darmbeinstacheln [Nr. 41]. Geradlinige Entfernung der beiden Iliospinalia superiora voneinander. Als Meßpunkt dient der am meisten abwärts gerichtete Punkt der Spina iliaca ant. sup. Er ist leicht zu finden, wenn man die 4 Finger der Hand auf den Darmbeinkamm legt und mit dem Daumen in der Leistengegend von unten und innen nach außen und oben palpiert, bis man auf die knöcherne Unterlage stößt. Man überzeuge sich durch Verschieben der Haut, daß man wirklich die Spitze, d. h. den am tiefsten stehenden Punkt gefunden hat. Er ist nicht identisch mit der am meisten vorgewölbten Stelle des nach vorn abfallenden Darmbeinkammes.

Wichtiger aber als diese Maße sind die Durchmesser und Umfänge des Brustkorbes.

Transversaler Brustdurchmesser [Nr. 36]. Diesen Durchmesser mißt man wie die vorhergehenden mit horizontal gehaltenem Stangenzirkel, indem man die Lineale an die seitliche Thoraxwand an die Stelle der größten seitlichen Ausladungen anlegt. Man achte darauf, daß der Durchmesser in einer Mittelstellung zwischen Inspiration und Exspiration genommen wird. Die größten seitlichen Ausladungen liegen ungefähr in der Höhe des Unterrandes des Corpus sterni. Nimmt man das Maß statt mit dem Stangenzirkel mit einem großen Taster, so muß man darauf achten, daß die Tasterspitzen auf die Rippen, nicht in einen Intercostalraum aufgesetzt werden.

Der sagittale Brustdurchmesser [Nr. 37] wird in der gleichen Höhe senkrecht zum transversalen bestimmt. Da dieses Maß infolge der seitlichen Vorwölbungen des Brustkorbes und des Vorstehens der Schulterblätter über die Mittellinie nicht mit den geraden Linealen des Stangenzirkels genommen werden kann, so müssen diese durch Lineale mit Tasterarmen ersetzt werden, oder das Maß wird mit einem großen Tasterzirkel genommen. Dabei wird die eine Zirkelspitze auf das untere Ende des Corpus sterni, die andere auf den in der gleichen Horizontalen gelegenen Dornfortsatz der Brustwirbelsäule aufgesetzt. Auch dieser Durchmesser soll in der Atempause genommen werden. Man kann aber natürlich auch beide Maße in Inspirations- und Exspirationsstellung nehmen, nur ist dies dann anzugeben.

Brustumfang a) bei ruhigem Atmen [Nr. 61], b) bei Inspiration [Nr. 61a] und c) bei Exspiration [Nr. 61b]. Von den verschiedenen Methoden, den Brustumfang zu messen, empfehle ich diejenige, bei welcher das Bandmaß hinten direkt unter den unteren Schulterblattwinkeln, seitlich hoch in der Achselhöhle und vorn genau oberhalb der Mammillen über die Warzenhöfe verläuft. Beim Anlegen des Bandmaßes sollen die Arme des zu Messenden nur so weit, daß man eben das Bandmaß unter den Achselhöhlen durchziehen kann, aber nicht bis zur Horizontalen, gehoben werden und während der Messung selbst lose herabhängen. Im weiblichen Geschlecht muß bei stärker ausgebildeter und nicht gesenkter Mamma das Bandmaß etwas höher angelegt werden; es ist daher vorteilhaft, noch ein zweites Maß direkt unter den Mammae, ungefähr in der Höhe der Basis des Processus xiphoideus, horizontal um den Thorax zu nehmen. Dieses Maß, bei Inspiration und Exspiration festgestellt, orientiert uns auch über die Größe der Flankenatmung. Es wäre überhaupt angezeigt, mehr als bisher auch die verschiedenen Atmungstypen zu beachten. Die bei den militärischen Aushebungen übliche Art, den Brustumfang mit seitwärts horizontal ausgestreckten Armen zu messen, hat den Vorteil, daß die unteren Schulterblattwinkel höher stehen, aber den Nachteil, daß die bei abduziertem Arm stark vorspringenden, vom M. pectoralis major und M. latissimus dorsi gebildeten Wandungen der Achselhöhle mitgemessen werden. Um ein richtiges Maß der respiratorischen Exkursionsbreite zu bekommen, muß man bei Ungeübten das Aus- und Einatmen mehrere Male ausführen lassen.

Bei der Beurteilung der absoluten Größe des Brustumfanges ist auch die Entwicklung des zu Untersuchenden mit zu berücksichtigen. Eine Zunahme des Brustumfanges kann in einzelnen Fällen (mit zunehmendem Alter) einzig und allein auf einer Vermehrung des Panniculus adiposus beruhen.

Zieht man die gefundene Zahl des Brustumfanges bei tiefster Exspiration von derjenigen bei maximaler Inspiration ab, so bekommt man als Differenz die sog. *Exkursionsbreite* oder den *Atmungsspielraum*, d. h. den zahlenmäßigen Ausdruck für die mechanische Atmungsfunktion. Es sei aber hier noch ausdrücklich auf die weiter unten angegebenen relativen Werte des Thorakalindex, des prozentualen Brustumfanges und des Respirationsindex hingewiesen.

Noch genauer ist die Feststellung der *Vitalkapazität* der Lunge. Man bedient sich dazu des bekannten Spirometers von HUTCHINSON, der im Prinzip aus einer Gasometerglocke besteht, die über Wasser im Gleichgewicht aufgehängt und dazu bestimmt ist, die ausgeatmete Luft aufzunehmen. Das Individuum stellt sich aufrecht vor das Spirometer, inspiriert so tief als möglich und exspiriert dann so vollständig als möglich in einen mit Mundstück versehenen Schlauch, der die ausgeatmete Luft in das Spirometer führt. Man achte sorgfältig darauf, daß keine Luft neben dem Mundstück durch die Mundspalte oder durch die Nase entweicht.

Die Technik der Exspiration muß geübt werden, ehe man den maximalen Wert der Vitalkapazität erreicht. Es wird daher auch vorgeschlagen, 10 Inspirationen und Exspirationen hintereinander vorzunehmen, den gefundenen Wert jedesmal zu notieren, sämtliche Werte zu summieren und durch 10 zu dividieren, um einen Durchschnitt zu erhalten. Die Erfahrung lehrt aber, daß dieses Verfahren zu zeitraubend und für viele Individuen eine relativ große Anstrengung bedeutet. Die Vitalkapazität ist, wie die verschiedenen Brustdurchmesser, abhängig von Alter, Geschlecht, Körpergröße, Körpergewicht, Rumpflänge, allgemeinen Körperbautypus, Beruf und Gesundheitszustand.

Als ein weiterer Umfang des Rumpfes kommt noch in Betracht:

Kleinster Umfang der Hüfte (Taillenumfang) [Nr. 62]. Umfang des Abdomens ohne Rücksicht auf die sehr verschiedene Nabellage in der Höhe der am meisten eingezogenen Seitenkontur des Rumpfes, also zwischen unteren Rippenbogen und Darmbeinkämmen.

Neuerdings finden zur Feststellung von Unterschieden im Bau des Rumpfes bei den verschiedenen Körperbautypen noch die folgenden Rumpfmaße Verwendung:

Thoraxlänge [Nr. 27 (7)]. Geradlinige Entfernung der Clavicula vom unteren Rand der 10. Rippe in der Medioclavicularlinie gemessen.

Nabeljugularabstand [Nr. 31 a]. Projektivischer Abstand des Oberrandes des Manubrium sterni (Suprasternale) vom Mittelpunkt des Nabels. Technik wie bei dem vorhergehenden Maß. Die beiden letztgenannten Maße können auch indirekt mit dem Anthropometer als Höhen des Suprasternale bzw. des Nabels über dem Boden gemessen und durch Abzug berechnet werden [Nr. 31].

Abdomenlänge [Nr. 32 a]. Projektivische Entfernung des Nabelmittelpunktes vom Oberrand der Symphyse in der Medianlinie (Symphysion). Stangenzirkel mit vertikal gehaltenem Stab und verschieden weit ausgezogenen Linealen.

Von Halsmaßen seien hier nur der

Umfang des Halses [Nr. 63] erwähnt, der mit dem Bandmaße so gemessen wird, daß dieses hinten in der tiefsten Einsattlung der Nackenkonkavität, vorn über den Schildknorpel verläuft, also mehr oder weniger horizontal zu der etwas nach vorn und oben geneigten Halsachse gerichtet ist. Bei strumatischen Veränderungen ist es empfehlenswert, noch einen zweiten Halsumfang zu nehmen, bei dem das Bandmaß hinten seine Lage beibehält, aber vorn über die stärkste Erhebung der Wucherung verläuft. Das zweite Maß ist naturgemäß immer etwas größer als das erste, aber ein Vergleich der beiden Maße erlaubt doch einen annähernden Rückschluß auf die Ausbildung des Kropfes und zeigt bei wiederholten Messungen am gleichen Individuum in der Regel eingetretene Veränderungen an.

Zur Charakterisierung der Entwicklung der Extremitäten ist sowohl die Abnahme von Längen- als von Umfangsmaßen notwendig. Die ersteren können wieder direkt oder indirekt genommen werden. Ich empfehle aus den gleichen, oben für den Rumpf angegebenen Gesichtspunkten die indirekte Messung. Es ist vorteilhaft, alle Extremitätenmaße an der rechten Körperseite zu nehmen; nur wenn es sich um die Feststellung von Asymmetrien oder Anomalien der Körperhaltung handelt, wird man die Messung auf beiden Körperseiten vornehmen müssen.

Höhe des rechten Akromion über dem Boden [Nr. 8]. Man stelle das Anthropometer vor die rechte obere Extremität des zu Beobachtenden und verfahre im übrigen wie oben beschrieben. Die rechte Hand des Beobachters hält das Anthropometer und führt zugleich den Schieber, während die linke die Meßpunkte palpiert. Wichtig ist, daß der Arm des zu

Messenden gestreckt und ruhig an der Seitenfläche des Körpers anliegt, ohne daß die Schulter hochgezogen wird. Als Meßpunkt dient der oben S. 9 beschriebene Akromialpunkt. Man achte sorgfältig darauf, daß die Unterkante des Schieberlineals an der Umschlagskante der oberen Seitenfläche des Akromion anliegt, d. h. daß das Lineal nicht *auf* das Akromion zu liegen kommt. Die Topographie der seitlichen Schultergegend zeigt große individuelle Variabilität, und eine sorgfältige Orientierung über die Lage des Meßpunktes sollte der Messung vorausgehen.

Höhe der rechten Ellenbogengelenkfuge über dem Boden [Nr. 9]. Das Schieberkästchen des Anthropometer wird jetzt soweit herabgeführt, daß die Spitze des Lineals den als Radiale bezeichneten Meßpunkt, d. h. den Oberrand des Capitulum radii berührt. Die Fuge der Articulatio humeroradialis verläuft annähernd horizontal in einem mehr oder weniger vertieften, stets deutlich sichtbaren Grübchen. Ich markiere den Punkt mit dem Fingernagel des linken Zeigefingers und lege die Linealspitze direkt auf die Nagelplatte dieses Fingers auf. Um dieses und die folgenden Maße zu nehmen, muß sich der Beobachter selbst auf ein Knie niederlassen.

Höhe des Griffelfortsatzes des rechten Radius über dem Boden [Nr. 10]. Der Meßpunkt (Stylion) entspricht dem tiefsten Punkt des Proc. styloideus, der in der von den Endsehnen der Mm. abductor pollicis und extensor brevis und des M. extensor pollicis longus gebildeten dreieckigen Vertiefung (Tabatière) leicht gefunden wird, wenn man mit der Nagelplatte des Daumens von unten her gegen die Spitze des Griffelfortsatzes drückt.

Höhe der rechten Mittelfingerspitze über dem Boden [Nr. 11]. Die Hand der zu messenden Person muß zur Abnahme dieses Maßes ganz gestreckt werden, ohne aber den Arm in seiner Lage zum Körper zu verändern. Hierauf wird die Spitze des Lineals an den Unterrand der Fingerbeere des Mittelfingers (Dactylion) angelegt und die Höhe abgelesen.

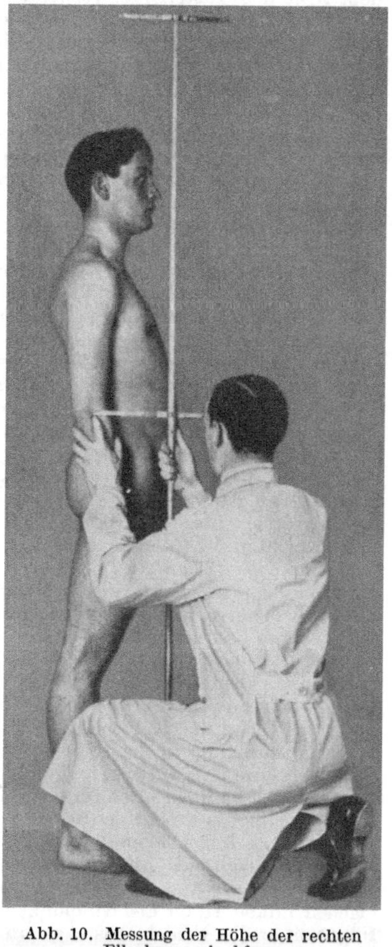

Abb. 10. Messung der Höhe der rechten Ellenbogengelenkfuge.

Durch Abzug der 4 letztgenannten Maße voneinander berechnet man sowohl die *ganze Armlänge* [Nr. 45] als auch die *Länge des Oberarmes* [Nr. 47], *des Unterarmes* [Nr. 48] und der *Hand* [Nr. 49]. Will man auf die Teilkomponenten des Armes verzichten, so bestimmt man nur die Höhe des Akromion und der Mittelfingerspitze. Oberarm-, Unterarm- und Handlänge können auch direkt mit dem Stangenzirkel gemessen werden, doch stimmen diese direkten Maße nicht ganz genau mit den projektivischen überein.

Von Umfängen der oberen Extremität kommen im wesentlichen nur die folgenden in Betracht:

Größter Umfang des rechten Oberarmes a) *bei Streckung* [Nr. 65] und b) *bei Beugung* [Nr. 65 (1)]. Das Bandmaß wird zuerst in der Höhe der stärksten Vorwölbung des M. biceps horizontal um den lose herabhängenden Arm gelegt und das Maß abgelesen. Hierauf läßt man den Oberarm nach vorn bis zur Horizontalen heben und den Unterarm mit geballter Faust und größter Kraftanstrengung gegen die Schulter beugen, bis die maximale Kontraktion des M. biceps erreicht ist. Nun verschiebt man das Bandmaß, bis es über der Kuppe des Bicepswulstes liegt. Die Differenz der beiden Maße gibt einen Einblick in die Massenentfaltung der Oberarmmuskulatur.

Größter Umfang des rechten Unterarmes [Nr. 66]. An dem schlaff herabhängenden supinierten Unterarm mit dem Beschauer zugewandter Vola wird das Bandmaß horizontal um die stärkste seitliche durch den M. brachioradialis bedingte Vorwölbung gelegt. Die Hand darf nicht zur Faust geballt werden.

Kleinster Umfang des rechten Unterarmes [Nr. 67]. In der Höhe der schwächsten Stelle, aber stets proximalwärts der Proc. styloidei radii und ulnae bei gleicher Haltung des Armes wie bei dem vorangehenden Maße. Irrtümlicherweise wird von manchen Autoren der kleinste Umfang distal von den Proc. styloidei gemessen, ein Maß, das richtiger als Umfang der Handwurzel bezeichnet werden müßte.

Zur Beurteilung der Stärkenentwicklung des Knochenbaues sind gelegentlich auch Breitenmaße genommen worden.

Breite der unteren Humerusepiphyse (fälschlich als Breite des Ellenbogengelenkes bezeichnet). Das Maß entspricht der geradlinigen Entfernung der beiden am meisten vorragenden Punkte des Epicondylus med. und lat. voneinander. Bei mageren, muskelschwachen Individuen kann es bei hängendem, supiniertem Arm mit dem Gleitzirkel genommen werden: bei muskelstarken Individuen verschwindet aber der Meßpunkt des Epicondylus lat. hinter dem M. brachioradialis, und man muß infolgedessen den Arm beugen lassen oder bei hängendem Arm den Tasterzirkel verwenden.

Untere Radio-ulnarbreite (fälschlich Breite des Handgelenkes genannt). Direktes Maß. Größte Breite zwischen den beiden seitlich am meisten vorragenden Stellen oberhalb (proximalwärts) der Proc. styloidei ulnae und radii. Das Maß wird am besten von der Dorsalseite her mit dem Gleitzirkel genommen. Es verläuft nicht genau rechtwinklig zur Längsachse des Unterarmes, sondern steht etwas schief dazu.

Wo es sich um Berufsunterschiede handelt, sind außer der oben erwähnten Handlänge auch noch folgende Handmaße empfehlenswert:

Breite der gestreckten rechten Hand [Nr. 52]. Direktes Maß. Geradlinige Entfernung des seitlich am meisten vorragenden Punktes des Metacarpale laterale von dem entsprechenden Punkt des Metacarpale mediale bei gestreckten Fingern über dem Handrücken gemessen. Gleitzirkel. Bei der Handbreite ist also der Daumen ausgeschlossen. Wird das Maß bei geballter Hand genommen, so ergeben sich andere Dimensionen.

Breite der Handwurzel [Nr. 52 (2)]. Infolge der Weichteilauflagerung ein ziemlich unsicheres Maß. Man erhält die konstantesten Werte, wenn man bei horizontal gehaltenem Unterarm die Hand stark beugt und schlaff nach abwärts hängen läßt. Dann mißt man mittels des Gleitzirkels von dem tiefsten Punkte unterhalb des Proc. styloideus ulnae bis zum entsprechenden tiefsten Punkt unterhalb des Proc. styloideus radii, der zwischen der Endsehne des M. extensor pollicis longus und des M. abductor pollicis longus bzw. des M. extensor pollicis brevis gelegen ist.

Länge des Handrückens [Nr. 50]. Direktes Maß. Vom Handgelenk bis zur Mitte der Articulatio metacarpo-phalangea des Mittelfingers. Das Handgelenk wird dadurch bestimmt, daß man die Spitzen der beiden Proc. styloidei durch eine Querlinie mittels des Dermographen über den Handrücken miteinander verbindet. Die Mitte dieser Linie stellt den gesuchten Meßpunkt dar.

Länge der Finger [Nr. 51]. Sie wird als direktes Maß an dem Handrücken der gestreckten Hand bestimmt. Als proximaler Meßpunkt dient stets die Articulatio metacarpo-phalangea, die bei gebeugten Fingern leicht seitlich von den Sehnen der Strecker festzustellen ist. Man markiert am besten vor dem Messen den Punkt durch einen Fingernageleindruck oder mittels des Dermographen. Der distale Meßpunkt entspricht der stärksten Vorwölbung der Fingerbeerkuppe. Gleitzirkel. In der Regel beschränkt man sich auf die Messung des Mittelfingers. Ganz falsch sind die Fingerlängen, die bei gebeugter Hand genommen werden, da in diesen auch die Dicke der Köpfchen der Metacarpalia inbegriffen sind.

Im Anschluß an die Maße der oberen Extremität sei noch die *Spannweite der Arme* (Klafterbreite) [Nr. 17] erwähnt, obwohl sie ein komplexes Maß darstellt, an dem sich die Armlänge (allerdings nicht im oben angegebenen Sinne) und die Schulterbreite beteiligen. Das Maß zeigt während des Wachstums im Verhältnis zur Körpergröße eine stetige Umwandlung. Am sichersten läßt sich die Messung ausführen, wenn sich der Beobachter mit horizontal gehaltenem Anthropometer dicht vor das zu messende, mit wagrecht ausgestreckten Armen an der Wand stehende Individuum stellt, dessen rechte Mittelfingerspitze mit der eigenen linken Hand am Nullpunkt des Instrumentes festhält und mit der linken Mittelfingerspitze das Schieberkästchen an dessen vorstehendem Unterrand soweit als möglich hinausschieben läßt. Das Instrument muß, um das Maximalmaß zu erreichen, in der Höhe des Manubrium sterni und der Schlüsselbeine liegen. Die gewonnene Zahl wird natürlich jetzt am Unterrand des Schiebers, an dem die Fingerspitze anlag, nicht am Fensterausschnitt, abgelesen. Man kann das Maß auch im Rücken des Individuum bestimmen, indem man durch einen Assistenten das Instrument im Rücken des zu Messenden so festhalten läßt, daß dieser zugleich die Mittelfingerspitze am Nullpunkt kontrolliert. Der Beobachter selbst schiebt dann das Schieberkästchen an die Mittelfingerspitze der anderen Hand an. Verfügt man über kein Anthropometer, so kann man auch das zu messende Individuum mit dem Rücken und mit seitwärts horizontal ausgestreckten Armen an die Wand stellen. an die man vorher ein in Zentimeter eingeteiltes Papier (oder Wachstuch nach BERTILLON) befestigt hat. Die im Rücken des Individuum gemessenen Spannweiten entsprechen aber nicht den an der Vorderseite festgestellten.

Zur Längenmessung der unteren Extremität dienen die folgenden Maße:

Höhe des rechten vorderen Darmbeinstachels über dem Boden [Nr. 13]. Der Meßpunkt (Iliospinale ant.) ist, wie oben S. 11 bei der Breite der vorderen oberen Darmbeinstacheln bereits ausgeführt, leicht zu finden. Da der Oberrand des Femurkopfes beim Lebenden mit keinem Instrument erreichbar ist, und der Trochanter major infolge seiner Ausdehnung und seiner Beziehungen zu den straffen Endsehnen der Mm. glutaei med. und min. einen schlechten Meßpunkt darstellt, so muß aus der Spinalhöhe auch die

Ganze Beinlänge [Nr. 53] berechnet werden. Individuell schwankt beim Erwachsenen die vertikale Entfernung vom Iliospinale zur Femurkopfkuppe zwischen 9 und 52 mm, je nach der Körpergröße, Beckenneigung und Form der Beckenschaufeln. Man muß daher, um die Beinlänge zu erhalten, von der Höhe des vorderen Darmbeinstachels einen bestimmten Betrag abziehen, und zwar

bei einer Körpergröße bis zu	130 cm	15 mm
„ „ „ von	131—150 „	20 „
„ „ „ „	151—165 „	30 „
„ „ „ „	166—175 „	40 „
„ „ „ über	176 „	50 „

Es ist selbstverständlich, daß man auf diese Weise nur approximative Werte für die Beinlänge erhält, doch ist der Fehler in der Mehrzahl der Fälle, wie Untersuchungen am Skelet ergaben, nur gering.

An Stelle der Höhe des vorderen Darmbeinstachels wird von manchen Autoren auch die Höhe des rechten großen Rollhügels (sog. Trochanterhöhe) zur Messung der Beinlänge benutzt. Die Kuppe (nicht die größte seitliche Ausladung) des Trochanter major, die den gesuchten Meßpunkt darstellt, ist aber bei Frauen mit stark entwickelten Panniculus adiposus und bei Männern mit kräftiger Muskulatur nicht genau festzustellen, wodurch das Maß durchaus unsicher wird.

Vielfach wird die Beinlänge einfach durch Abzug der Stammlänge von der Körpergröße bestimmt. Es handelt sich hier aber um ein Maß, das niemals die wahre Beinlänge wiedergeben kann, da als oberer Meßpunkt die Tubera ischiadica angenommen sind. Es kann daher nur dann als Ersatz gelten, wenn es technisch unmöglich ist, die wahre Beinlänge zu messen. Ganz schlecht ist die Bestimmung der Beinlänge als Entfernung des Spaltes von der Spitze des Malleolus internus, ein Maß, das leider auch bei den Erhebungen in der amerikanischen Armee angewendet wurde.

Höhe der rechten Kniegelenkfuge über dem Boden [Nr. 15]. Der Meßpunkt (Tibiale) liegt am inneren Gelenkrand des Tibialkopfes vor dem Lig. collaterale tibiale. Die Orientierung ist durch die Patella und vor allem durch das Lig. patellare gegeben. Faßt man dieses zwischen Daumen und Zeigefinger der rechten Hand und schiebt mit dem letzteren die Haut einmal in der Vertikalen und dann in der Horizontalen etwas hin und her, dann wird man deutlich den Gelenkspalt fühlen, da die Gelenkkapsel hier ziemlich dünn ist. Nur bei Frauen mit starkem Panniculus adiposus kann die Auffindung des Punktes Schwierigkeiten bereiten. Man hüte sich aber, den Punkt zu tief, d. h. an dem Unterrand des Condylus medialis tibiae, oder zu hoch, in der seichten Vertiefung unter dem Epicondylus medialis femoris, zu suchen. In Zweifelsfällen lasse man das rechte Bein für einen Augenblick im Knie leicht beugen. Um die rechte Hand für die Feststellung dieses wichtigen Meßpunktes freizubekommen und die Spitze des Lineals richtig aufsetzen zu können, bitte ich den zu Messenden, den Stab des Anthropometer mit einer Hand (natürlich wie bisher in der Medianebene und vertikal) zu halten. Dies ist selbst bei Kindern leicht zu erreichen.

Höhe der rechten inneren Knöchelspitze über dem Boden [Nr. 16]. Auch hier muß, wie bei dem Darmbeinstachel, der Meßpunkt ganz an die wirkliche Spitze des Malleolus med. gelegt werden. Man sucht ihn daher am leichtesten von unten und etwas von hinten her, indem man hinter dem Lig. calcaneo-tibiale mit der Nagelplatte des Daumens dagegendrückt. Legt man dann die Spitze auf die letztere auf, so berührt man zugleich auch die Spitze des Malleolus. Die auf diese Weise festgestellte *Fußhöhe* unterliegt je nach der Ausbildung des Fußgewölbes großen individuellen Schwankungen. Durch Abzug der drei letztgenannten Maße voneinander erhält man die *Länge des Oberschenkels* [Nr. 55] und des *Unterschenkels* [Nr. 56].

Größter Umfang des rechten Oberschenkels [Nr. 68]. Das Bandmaß muß an der Stelle der stärksten medialen Ausladung unterhalb der Nates, nicht in der Glutaealfalte selbst, horizontal um den rechten Oberschenkel gelegt werden. Um bei starker Muskel- oder Fettentwicklung die richtige Stelle zu finden, läßt man das linke Bein etwas seitwärts stellen, bis man das Bandmaß angelegt hat, dann aber wieder in die ursprüngliche Lage zurücknehmen. Erst jetzt liest man, am besten an der äußeren Seite des Oberschenkels, um nicht mit den Geschlechtsteilen in Berührung zu kommen, das Maß ab.

Größter Umfang des rechten Unterschenkels (Wadenumfang) [Nr. 69]. Ohne das Bandmaß von dem Bein wegzunehmen, führt man es nach unten bis an die Stelle der stärksten Ausladung der Wadenmuskulatur, die bei der individuell stark variierenden Dicken- und Längenausbildung der Mm. gastrocnemii sehr verschieden hoch liegen kann.

Kleinster Umfang des rechten Unterschenkels [Nr. 70]. Dieser Umfang ist gewöhnlich direkt über dem Malleolus medialis gelegen, wird aber durch Richtung und Ansatz des Tendo calcaneus, die zu beachten sind, mehr oder weniger beeinflußt.

Epicondylenbreite des rechten Oberschenkels [Nr. 64 (4)] (auch als Breite des Kniegelenkes bezeichnet). Direktes Maß gleich größte Breite in der Höhe der Epicondylen des Femur.

Von speziellen Fußmaßen sind zu empfehlen:

Länge des rechten Fußes [Nr. 58]. Die Stange des Instrumentes muß parallel dem medialen Rande des etwas vorgestellten und belasteten rechten Fußes auf den Fußboden gelegt werden, worauf man das feste Stahllineal an dem am meisten nach hinten vorspringenden Punkte der Ferse anlegt und das Schieberlineal an die Kuppe der vorstehenden Zehe (erste oder zweite) anschiebt. Man achte darauf, daß das ganze Körpergewicht auf den rechten Fuß übertragen wird, was am besten dadurch geschieht, daß man den linken Fuß zurückstellen läßt.

Breite des rechten Fußes [Nr. 59]. Ähnlich wie bei der Messung der Handbreite wird der Stangenzirkel mit senkrecht gerichteten Linealen quer über den belasteten Fuß gehalten und dann durch Anlegen der Lineale an die vorspringendsten Punkte in der Gegend der Köpfchen der Metatarsalia I und V die geradlinige Entfernung dieser beiden Punkte voneinander festgestellt. Die so gemessene Fußbreite steht also nicht senkrecht auf der Fußlänge.

Höhe des rechten Fußes. Sie entspricht dem oben genommenen Maße, Höhe der rechten inneren Knöchelspitze über dem Boden.

III. Kopfmaße.

Von den Kopfmaßen seien nur die wichtigsten behandelt. Sie haben bisher wenig Berücksichtigung gefunden, dürfen aber von der Konstitutionsforschung nicht vernachlässigt werden, einmal weil ganz bestimmte Korrelationen zwischen Kopf- und Körperwachstum bestehen, und ferner auch, weil es mehr als wahrscheinlich ist, daß die Rassenzugehörigkeit auch in unserer stark gemischten europäischen Bevölkerung den Körperbautypus beeinflußt, was aus Untersuchungen an fremden Menschenrassen unzweideutig hervorgeht.

Zur Ausführung sämtlicher Kopfmessungen läßt man den zu Beobachtenden derart auf einem Hocker oder Stuhl Platz nehmen, daß man von allen Seiten bequem an ihn herantreten kann. Dabei muß volles Licht auf die Skala der Meßinstrumente fallen. Von denselben finden das Bandmaß, der Tasterzirkel, der Stangenzirkel und evtl. auch der Gleitzirkel Verwendung.

Horizontalumfang des Kopfes [Nr. 45][1]. Man hält den Nullpunkt des Bandmaßes mit der linken Hand auf der Glabella fest. Als Glabella wird diejenige Erhebung am unteren Teil der Stirne bezeichnet, die oberhalb der Nasenwurzel und zwischen den härenen Augenbrauen gelegen ist. Dann führt man das Bandmaß mit der rechten Hand über die linke Kopfseite bis zu dem vorspringendsten Punkt des Hinterkopfes (nicht über die meist viel tiefer gelegene Protuberantia occipitalis) und von da über die rechte Kopfseite zurück zur Glabella, wo man es ebenfalls mit der linken Hand faßt. Dadurch wird die rechte Hand frei, um zu kontrollieren, ob das Bandmaß gleich hoch an beiden Kopfseiten und wirklich über den vorspringendsten Punkt des Hinterkopfes läuft. Nur bei einer derartig sorgfältigen Technik kann man maximale Umfänge des Neurokranium erhalten.

Die nächstfolgenden Maße werden mit dem Tasterzirkel genommen. Man faßt die Zirkelarme an ihren vorderen Enden mit beiden Händen, und zwar so, daß der Daumen auf die obere, der Zeigefinger auf die untere Seite der abgerundeten Zirkelenden zu liegen kommt. Auf diese Weise kann man mit den Fingerspitzen die Zirkelenden auf die Meßpunkte aufsetzen und am Kopfe festhalten, ohne die Haut einzudrücken. Die Ableseskala bleibt dabei immer sichtbar.

---

[1] Die kephalometrische Technik hat eine eigene Numerierung. Vgl. hierzu Lehrb. d. Anthrop. 1928, S. 180ff.

Größte Kopflänge [Nr. 1]. Geradlinige Entfernung der Glabella von dem am meisten in der Medianebene vorragenden Punkte des Hinterhauptes (Opisthokranion). Man stellt sich an die rechte oder linke Seite (je nach der Lichtquelle) der auf einem Hocker sitzenden Person, hält, wie eben beschrieben, das linke Zirkelende zwischen Daumen und Zeigefinger auf der Glabella fest und fährt mit dem anderen Zirkelende langsam in der Medianebene am Hinterhaupt auf und nieder, bis der Index am Maßlineal den maximalen Wert anzeigt. Will man sich von der Richtigkeit der Messung überzeugen, so stellt man mittels der Schraube das Lineal bei der gefundenen Zahl fest und macht nun mit dem festgestellten Instrument eine Kontrollmessung. Man hüte sich, die Spitzen des Instrumentes zu fest in die Haut einzupressen, da dies schmerzhaft ist und außerdem das Maß dadurch verkleinert wird. Eine Kopflänge von der Nasenwurzel aus, wie sie nach dem System Bertillon genommen wird, ist nicht empfehlenswert, da die Nasenwurzel individuell sehr verschieden tief gelegen ist und außerdem keinen Punkt des Gehirnschädels darstellt.

Größte Kopfbreite [Nr. 3], die größte Breite des Gehirnschädels senkrecht zur Medianebene, wo sie sich findet. Die Meßpunkte (Eurya) müssen in *einer* Horizontal- und Frontalebene liegen. Man stellt sich vor das zu messende Individuum, so daß das Scharnier des Tasters in die Medianebene seines Kopfes zu liegen kommt, und führt dann die Zirkelspitzen, in der oben beschriebenen Weise zwischen den Fingern haltend, so lange in senkrecht gerichteten Zickzacklinien an der seitlichen Kopfwand auf und ab, bis der größte gerade Durchmesser gefunden ist. Die Tasterspitzen müssen zwischen den Haaren bis auf die Kopfhaut vordringen. Man hüte sich vor schiefen Durchmessern; die Linie, welche die beiden Tasterspitzen verbindet, muß stets horizontal und senkrecht auf die Medianebene gerichtet sein. Die Lage des Breitendurchmessers hängt von der Kopfform ab.

Kleinste Stirnbreite [Nr. 4]. Man suche zunächst mit den Zeigefingern diejenigen oberhalb des Jochfortsatzes des Stirnbeins am meisten nach vorn und innen gelegenen Punkte der Linea temporalis (Frontotemporalia). Legt man die Zeigefingerspitzen an die an dieser Stelle befindlichen, vom M. temporalis bedeckten kleinen Vertiefungen und schiebt die Zirkelspitzen auf die obenerwähnten Punkte der Linea temporalis, so kann man die Breite an der Skala ablesen. Verschieben der Haut, Runzeln der Stirne und Zusammenbeißen der Zähne macht das Maß unsicher. Diese vordere Kopfbreite ist vor allem für die Beurteilung der Frontalhirnentwicklung von Bedeutung.

Jochbogenbreite [Nr. 6]. Geradlinige Entfernung der beiden am meisten vorstehenden Punkte der Jochbogen (Zygia) voneinander. Es soll der größte Abstand der beiden Jochbogen voneinander gemessen werden, der beim Europäer meist weit nach hinten, nur 2—3 cm vor dem Tragus gelegen ist. Man faßt zu diesem Zwecke den Tasterzirkel in der oben angegebenen Weise und schiebt die Tasterspitzen leicht auf dem Jochbogen vor- und rückwärts, indem der Daumen am Oberrand, der Zeigefinger am Unterrand des Jochbogens entlang streicht. Durch diese Haltung wird ein Abgleiten des Instrumentes vom Knochen unmöglich gemacht. Man achte sorgfältig darauf, daß vor dem Ablesen des Maßes die Haut nicht verschoben wird, und daß die Zirkelspitzen genau in einer Frontalebene liegen.

Die früher von VIRCHOW empfohlene *Jochbeinbreite*, die der Entfernung der beiden unteren Jochbeinwinkel bzw. Jochbeinhöcker entspricht, ist zu verwerfen, da diese Punkte nur schwer durch die Dicke der Wangenhaut hindurch festzustellen sind.

Unterkieferwinkelbreite [Nr. 8]. Es handelt sich um die Feststellung der geradlinigen Entfernung der beiden Unterkieferwinkel voneinander. Die Tasterspitzen sind nicht hinten, sondern seitlich an die Unterkieferwinkel anzusetzen, weil die größte Ausladung (Gonia) gemessen werden soll. Das Instrument wird am besten so gehalten, daß die Zeigefingerbeeren, auf denen die Tasterspitzen aufruhen, von hinten und unten her die Unterkieferwinkel umgreifen. Der M. masseter darf nicht kontrahiert werden.

Ein Vergleich der 4 aufgeführten Breitenmaße gibt einen guten Einblick in den Aufbau von Gehirn- und Gesichtsschädel. Ergänzt können sie noch durch 2 weitere Maße werden:

Breite zwischen den inneren Augenwinkeln [Nr. 9]. Geradlinige Entfernung derjenigen Punkte an der medialen Seite der Augenspalte, an welcher die oberen und unteren Lidränder zusammentreffen. Der Punkt ist also nach innen von der Caruncula lacrimalis gelegen. Man hält mit der rechten Hand den Gleitzirkel, die abgeflachten stumpfen Arme des Instrumentes nach oben gerichtet, in der Art horizontal vor das Gesicht des zu Beobachtenden, daß die Enden der Arme im Niveau der Lidspalte stehen. Um die Augenwinkel nicht direkt mit dem Instrument berühren zu müssen, stemmt man den festen Arm des Gleitzirkels gegen die linke Hand, die ihrerseits an die linke Wange des untersuchten Objektes angelegt wird. Dadurch ist eine ruhige Haltung des Gleitzirkels möglich. Der Blick des zu Messenden muß gegen den Beobachter gerichtet sein.

Für gewisse, auch klinische Beobachtungen wichtig ist ferner auch die *Pupillardistanz* [Nr. 12]. Sie entspricht der geradlinigen Entfernung der beiden Pupillenmittelpunkte voneinander. Die Handhabung des Instrumentes ist dieselbe wie bei der Abnahme der Breite zwischen den inneren Augenwinkeln.

Zur Charakterisierung der Nase dient die *Breite der Nase* [Nr. 13]. Sie ist gleich der geradlinigen Entfernung der beiden am meisten seitlich ausgeladenen Punkte der Nasenflügel (Alaria) voneinander. Man faßt den Gleitzirkel am Schieber mit der rechten Hand und legt ihn so an das Gesicht an, daß die Innenseiten der flachen Zirkelarme die verlangten Punkte eben berühren.

Eine Ergänzung erfahren die Kopfmaße noch durch eine Reihe von Höhenmaßen, zunächst die *Ganze Kopfhöhe* [Nr. 16], die der projektivischen Entfernung des Scheitels vom Unterrand des Kinnes (Gnathion) entspricht. Sie wird am besten mit dem Stangenzirkel gemessen, indem man sich seitlich neben den zu Messenden stellt oder kniet. Nachdem der Kopf in der Ohr-Augenebene orientiert ist, legt man das langausgezogene obere Lineal auf den Scheitel, hält es hier mit der linken Hand fest und schiebt mit der rechten Hand den Schieber mit dem kurzausgezogenen unteren Lineal in der Medianebene an den unteren Kinnrand. Dabei muß der Stab des Stangenzirkels senkrecht zur Ohr-Augenebene stehen, also vertikal gehalten werden.

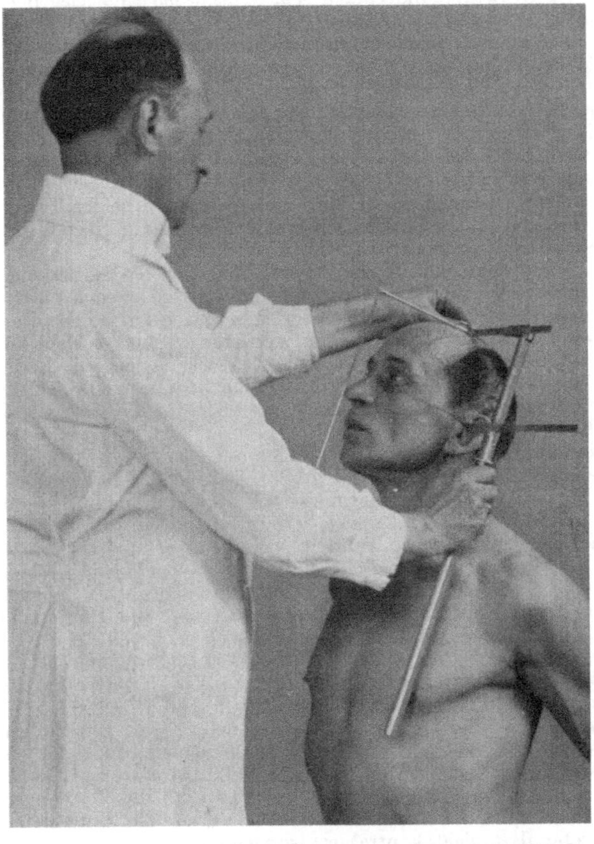

Abb. 11. Messung der Ohrhöhe des Kopfes. Aus: SCHLAGINHAUFEN, O., 1927, Leitfaden für die anthrop. Untersuchungen an den schweiz. Stellungspflichtigen. Zürich, S. 20.

Man kann die ganze Kopfhöhe auch indirekt bestimmen, indem man nach der Abnahme der Körpergröße mittels des Anthropometer die Höhe des unteren Kinnrandes über dem Boden feststellt und dann diese Höhe von der Körpergröße abzieht. Man muß dabei nur darauf achten, daß der Kopf des zu Beobachtenden bei der Abnahme beider Höhenmaße in der Ohr-Augenebene eingestellt bleibt. Das Maß dient hauptsächlich zur Berechnung, wie viele Kopfhöhen in der Körpergröße enthalten sind.

Physiognomische Gesichtshöhe [Nr. 17]. Geradlinige Entfernung der vorderen Stirnhaargrenze (Trichion) von dem Unterrand des Kinnes (Gnathion). Als oberer Meßpunkt ist die physiognomisch wirksame Haargrenze in der Medianlinie anzunehmen. Wo nach Haarausfall die Haargrenze nach oben verschoben ist und nur noch approximativ festgestellt werden kann, verzichtet man besser auf die Abnahme dieses Maßes.

Morphologische Gesichtshöhe [Nr. 18]. Geradlinige Entfernung der Stirnnasennaht (Nasion) von dem eben genannten Kinnpunkt. Der Verlauf der Sutura naso-frontalis läßt sich trotz des Nahtgewebes und des meist sehr dünnen M. procerus auch am Lebenden leicht feststellen. Der Meßpunkt entspricht also der Nasenwurzel, nicht dem stets tiefer gelegenen Nasensattel. Die Handhabung des Instrumentes ist die eben beschriebene; man muß die Spitze des oberen Lineals mit Zeigefinger und Daumen der linken, auf dem Kopf des zu Messenden aufruhenden Hand an das Nasion anlegen. Der Kopf muß wieder genau in der Ohr-Augenebene stehen und der Stab des Stangen- oder auch Gleitzirkels vertikal gehalten werden. Das Maß entspricht der auch am Schädel festzustellenden Höhe des Splanchnokranium. An dieses Maß schließt man am besten die

Höhe der Nase [Nr. 21] an, die als geradlinige Entfernung der Stirnnasennaht (Nasion)

von dem Nasenboden, d. h. dem einspringenden Winkel, der von dem Unterrand der Nasenscheidewand und der Integumentaloberlippe gebildet ist (Subnasale), gemessen wird. Technik und Haltung des Stangen- oder Gleitzirkels wie eben beschrieben[1].

Um auch einen Ausdruck für die Höhenausdehnung des Neurokranium am Lebenden zu gewinnen, mißt man die

Ohrhöhe des Kopfes [Nr. 15]. Sie entspricht der projektivischen Entfernung des Scheitels vom Oberrand des Tragus (Tragion). Zur Abnahme dieses Maßes stellt man sich vor den zu Messenden, den Stangenzirkel in der rechten Hand haltend (Abb. 11). Hierauf wird das langausgezogene obere Lineal horizontal auf den Scheitel, die Spitze des nur ganz kurz ausgezogenen Schieberlineals aber an den linken Traguspunkt angelegt. Eine Schwierigkeit in der Abnahme dieses Maßes beruht darin, daß man zugleich sowohl die vertikale Richtung des Stabes des Stangenzirkels als auch die Lage der Schieberlinealspitze auf dem Traguspunkt kontrollieren muß. Erleichtert wird die Messung, wenn man den Traguspunkt zuerst mit dem Dermographen anzeichnet und sich der sog. Ohrhöhennadel, die parallel zum Stab des Stangenzirkels verläuft, bedient (vgl. Lehrb. d. Anthrop. 1928, S. 185). Das Maß ist nur nach einiger Übung genau abzunehmen.

Am Gesicht kann auch die Bestimmung einiger Winkel von Wichtigkeit sein. In erster Linie der

Profilwinkel, der am besten als *Obergesichtswinkel* [Nr. 42] gemessen wird. Der Winkel gibt die Neigung der Profillinie des Oberkiefers in der Medianebene zur Ohr-Augenebene an. Je mehr das Gesicht vorspringt, um so kleiner der Winkel.

Zur Abnahme des Maßes befestigt man das Ansteckgoniometer, wie in Abb. 5 angegeben, an den Stangenzirkel (oder Gleitzirkel), zieht die beiden Lineale genau gleich weit aus, was durch die auf diesen angebrachten Skalen erleichtert wird. Hierauf faßt man den Stab des Stangenzirkels mit der rechten Hand und setzt die Spitze des oberen Lineals auf das Nasion (s. oben) und diejenige des unteren auf das Prosthion (unteres Ende des Alveolarfortsatzes zwischen den beiden oberen mittleren Schneidezähnen) auf. Ist der Kopf des zu Messenden genau in der Ohr-Augenebene eingestellt, so kann man am Goniometer direkt die Größe des Winkels ablesen.

IV. Verhältniszahlen und Indices.

Die durch die vorstehenden Messungen gewonnenen absoluten Zahlenwerte charakterisieren nur das Individuum, und selbst dieses nur in ungenügender Weise. Denn es kommt bei der Feststellung des Körperbautypus nicht so sehr auf die absolute Größe des einzelnen Maßes, als vielmehr auf das gegenseitige Verhältnis verschiedener Maße zueinander an.

Es handelt sich beim Habitus des einzelnen stets um einen „Merkmalkomplex", der durch eine bestimmte Korrelation der Teile festgelegt ist. Auf die Erfassung des Gesamtorganismus, in welchem die einzelnen Teile und Organe in einem konstanten meßbaren Verhältnis zueinander stehen, kommt es also an. Dies zu erkennen, muß das Ziel jeder Konstitutionsforschung sein. Allerdings wird es bei der Kompliziertheit des menschlichen Organismus nie gelingen, durch eine Reihe von Formeln seine Konstitution restlos zum Ausdruck zu bringen.

Ferner sind die absoluten Maßzahlen des einzelnen nur in beschränktem Maße zu Vergleichen verwendbar. Man kann sie wohl dazu benutzen, wenn es sich darum handelt, den Einzelnen mit einem Durchschnitt zu vergleichen, der aus Massenbeobachtungen einer Gruppe rechnerisch erhalten wurde, der das Vergleichsindividuum vermöge seiner Abstammung, seiner sozialen Lage usw. als zugehörig zu betrachten ist. Je gewissenhafter diese Bedingung der Zugehörigkeit erfüllt ist, um so biologisch richtiger und wertvoller wird der Vergleich sein.

Aber die Körpermaße verschiedener Individuen sind nur dann unter sich vergleichbar, wenn sie auf einen gleichen Maßstab gebracht wurden, wenn z. B. die so sehr variierende Körpergröße ausgeschaltet wird. Denn es ist ohne weiteres einleuchtend, daß irgendein absolutes Maß, z. B. ein Brustumfang von 80 cm bei einem Menschen von 160 cm Körpergröße eine andere Bedeutung

[1] Im Lehrb. d. Anthrop. 1928, S. 188 ist als Meßgerät noch wie früher nur der Gleitzirkel angegeben und abgebildet.

haben muß als der gleiche Umfang bei einem solchen von 180 cm. So sind ferner auch die Proportionsfiguren zweier Individuen (s. S. 47, Abb. 21) unter sich nur vergleichbar, wenn bei beiden die Körpergröße = 100 gesetzt wird.

Es ist üblich geworden, die einzelnen Körperdimensionen vor allem in Prozenten der Körpergröße auszudrücken, also die letztere, die ja eine außerordentlich große individuelle Variabilität aufweist, gleichsam auszuschließen. Da die Körpergröße aber ein komplexes Maß ist, auf dessen absoluten Wert die Längenentwicklung der unteren Extremitäten einen großen Einfluß ausübt, so ist es zweckmäßig, besonders wo es sich um die relative Entwicklung einzelner Dimensionen des Rumpfes (Umfänge, Durchmesser) oder um die Massenentwicklung innerer Organe handelt, auch die Stammlänge (Sitzhöhe) oder unter Umständen die Länge der vorderen Rumpfwand als Vergleichsmaß beizuziehen, d. h. die einzelnen Dimensionen in Prozenten einer dieser beiden Längen auszudrücken. Dabei gilt als Richtschnur für die Berechnung des Index:

$$\frac{\text{kleineres Maß} \times 100}{\text{größeres Maß}}.$$

Es wird also in der Regel, wenn nicht besondere biologische Gründe entgegenstehen, das kleinere Maß in Prozenten des größeren ausgedrückt[1].

Daß neben dem relativen Maß auch die absolute Zahl stets ihre Bedeutung behält, ja oft erst die Erklärung für die Verhältniszahl geben kann, sei nur nebenbei bemerkt.

Es empfiehlt sich, in allererster Linie zu berechnen:

In Prozenten der Körpergröße:

die Stammlänge,
die Länge der vorderen Rumpfwand,
die Armlänge,
die Oberarmlänge,
die Unterarmlänge,
die Handlänge,
die Spannweite,
die Beinlänge,
die Oberschenkellänge,
die Unterschenkellänge,
die Fußlänge,
die Akromienbreite,
die Beckenbreite,
die Hüftbreite,
die Breite zwischen den vorderen Darmbeinstacheln,
$^1/_2$ Akromien- + $^1/_2$ Beckenbreite,
$^1/_2$ Akromien- + $^1/_2$ Hüftbreite,
den Brustumfang bei ruhigem Atem,
den Atmungsspielraum,
den Bauchumfang,
den Oberarmumfang, gestreckt,
den Oberarmumfang, gebeugt,
den größten Umfang des Unterarmes,
den kleinsten Umfang des Unterarmes,
den größten Umfang des Oberschenkels,
den größten Umfang des Unterschenkels.

In Prozenten der Stammlänge:

die Armlänge,
die Oberarmlänge,
die Unterarmlänge,
die Beinlänge,
die Oberschenkellänge.
die Unterschenkellänge,
die Länge der vorderen Rumpfwand,
den Brustumfang bei ruhigem Atmen,
die Akromienbreite,
die Beckenbreite.

In Prozenten der vorderen Rumpfwand:

die Armlänge,
die Oberarmlänge,
die Unterarmlänge,
die Beinlänge,
die Oberschenkellänge,
die Unterschenkellänge,
den Brustumfang bei ruhigem Atem,
den transversalen Brustdurchmesser,
den sagittalen Brustdurchmesser,
die Akromienbreite,
die Beckenbreite,
den Nabeljugularabstand,
den Nabelsymphysenabstand,
die Thoraxlänge.

[1] Zur Vereinfachung der Berechnung aller Verhältniszahlen empfiehlt sich, wo nicht besondere Berechnungstabellen zur Verfügung stehen, die Benutzung des einfachen Rechenschiebers. Für die statistische Verarbeitung eines größeren Materials wird man, um Zeit zu sparen, eine Rechenmaschine nicht entbehren können. Eine ausgezeichnete Rechen-

Natürlich brauchen nicht in jedem Falle alle diese Verhältniszahlen ausgerechnet zu werden, während man auf der anderen Seite noch eine Menge anderer Maße in Prozenten der drei angegebenen Längen ausdrücken kann. Man wird aber die Berechnung nicht mehr ausdehnen, als im gegebenen Falle zur Feststellung wichtiger Körperrelationen notwendig ist.

Einen Begriff über die Körperproportion in der Längsachse des Körpers gibt auch die Berechnung, wie oft die ganze Kopfhöhe in der Körpergröße enthalten ist. Als normales Verhältnis für den Erwachsenen gelten 7—8 Kopfhöhen.

Da die absolute Körpergröße innerhalb der einzelnen menschlichen Populationen großen Schwankungen unterliegt, so muß die Beurteilung der individuellen Körpergröße von der auf Grund statistischer Erhebungen festgestellten Durchschnittsgröße abhängig gemacht werden.

Zur Charakterisierung bestimmter Ausdehnungsverhältnisse einzelner Teile oder Abschnitte des Körpers, unabhängig von den drei obengenannten Längsdimensionen, ist es auch gebräuchlich, zwei oder mehr einzelne Körpermaße zueinander in Beziehung zu bringen, d. h. sog. Indices zu berechnen.

Besonders wichtig zur Charakterisierung der Massenentwicklung des Körpers ist das *Verhältnis von Körpergröße zu Körpergewicht.*

Von den vorgeschlagenen und heute verwendeten Formeln ist keine weder mathematisch noch biologisch von so überwiegender Bedeutung, daß sie als einzig brauchbare empfohlen werden könnte. Vom mathematischen Standpunkt aus lassen sich irgendwelche Zahlenverhältnisse (Maße verschiedener Körperdimensionen) in Zusammenhang bringen, aber an sich wertvoll ist nur diejenige Formel, die auf Grund der Empirie auch ein biologisches Verhältnis klar zum Ausdruck bringt. Dieses letztere bezieht sich nicht nur auf die Form, sondern auch auf die Funktion. Es braucht hier nur an das gestaltlich funktionelle Gleichgewicht, auf das ROUX so oft hinweist, erinnert zu werden, das auch durch die Existenz besonderer Körperbautypen, wie sie selbst in den einzelnen Sporttypen gegeben sind, bewiesen wird.

Die wichtigsten Körpergrößen-Gewichtsverhältnisse sind die folgenden:

Das *Streckengewicht* oder *Zentimetergewicht* (QUÉTELET) $= \frac{G}{Kgr}$ [1].

Der Quotient besagt, wieviel eine mittlere 1 cm hohe Scheibe des Körpers wiegt, bzw. wie groß der Flächeninhalt dieser Scheibe ist. Es liegt der Berechnung die Vorstellung zugrunde, daß der menschliche Körper einen Zylinder von durchwegs gleichem Querschnitt darstellt oder wenigstens als ein solcher gedacht werden kann. Daß dabei die unteren Extremitäten, Hals und Kopf in gleicher Weise wie der Rumpf in Rechnung gestellt werden, spricht gegen die biologische Bedeutung dieses Index. Da der menschliche Körper mit dem Alter und mit wachsender Körpergröße auch an Gewicht zunimmt, so steigt dementsprechend auch das Zentimetergewicht mit beiden Faktoren. Bei sonst gleicher Körperbeschaffenheit wird von zwei Individuen das größere auch immer das größere Zentimetergewicht haben.

Der *Körperbauindex* (QUÉTELET), auch von GOULD verwendet und neuerdings wieder von DAVENPORT[2] (besonders für jugendliche und erwachsene männ-

maschine wird von der Firma Grimme, Natalis u. Co. in Braunschweig in Form der Brunswiga, System Trinks, Type MR hergestellt. Sämtliche Berechnungen im Anthropologischen Institut der Universität München werden seit Jahren mit diesen Rechenmaschinen ausgeführt.

[1] G = Körpergewicht; Kgr = Körpergröße.

[2] DAVENPORT, C. B. (1920) bezeichnet diesen Index als den besten height-weight-index of build. Vgl. Amer. Journ. Phys. Anthrop. Bd. 3, Nr. 4, S. 467, bes. S. 475.

liche Individuen) und KAUP[1] eingeführt:

$$\frac{G}{Kgr^2} \text{ oder auch: } \frac{Q}{L} \text{ geschrieben}^2.$$

Es handelt sich hier also um den Quotienten zwischen dem mittleren Körperquerschnitt und der Körpergröße. QUÉTÉLET (Soziale Physik, nach der Ausgabe letzter Hand, 1869, übersetzt von V. DORN und eingeleitet von H. WAENTIG, Bd. 2, S. 90) hat bereits festgestellt, „daß die Gewichte bei den ausgewachsenen Personen von verschiedener Größe ungefähr wie die Quadrate der Größe sich verhalten. Hieraus folgt naturgemäß, daß der Querdurchschnitt, der die Breite und die Dicke umfaßt, sich einfach wie die Höhe der Menschen verhält. Man schließt daraus auch noch, daß die Dicke, besonders bei Personen von kleinem Wuchs, verhältnismäßig vorwiegt". Nach KAUP stellt dieser Index eine konstante Größe dar, die bei biologisch Vollwertigen 2,3 beträgt. Ein niederer Wert von etwa 2,0 besagt, daß die Querschnittsentwicklung im Vergleich zur Längenentwicklung eine ungenügende ist.

Der *Index der Körperfülle* (Height-weight-index of build) [BUFFON, ROHRER, BARDEEN[3]]:

$$\frac{G}{Kgr^3}.$$

Diese Verhältniszahl ist ein reiner Staturindex, dessen Berechnung von der Vorstellung ausgeht, daß die beiden zu vergleichenden Maße von gleicher mathematischer Wertigkeit sein sollten. Das Gewicht ist dabei gleich dem schwer zu bestimmenden Körpervolumen gesetzt. Der Index gibt einen genauen zahlenmäßigen Ausdruck für die Massenentwicklung des Körpers im Verhältnis zu seiner

Deutsche Turner.

Körpergröße in cm	Körpergewicht in kg			Index der Körperfülle		Körpergröße in cm	Körpergewicht in kg			Index der Körperfülle	
	n	M	V	M	V		n	M	V	M	V
151	7	51,9	47—56	1,51	1,37—1,63	168	208	63,6	50—87	1,34	1,05—1,83
152	7	52,4	47—57	1,49	1,34—1,62	169	188	65,1	55—95	1,35	1,14—1,97
153	9	52,4	46—59	1,46	1,28—1,65	170	196	65,6	53—80	1,34	1,08—1,63
154	17	53,5	45—60	1,46	1,23—1,64	171	204	66,6	56—86	1,33	1,12—1,72
155	20	53,4	49—60	1,43	1,32—1,61	172	176	66,8	51—86	1,31	1,00—1,63
156	27	53,8	46—62	1,42	1,21—1,63	173	180	67,9	58—86	1,31	1,12—1,66
157	39	54,9	48—62	1,42	1,24—1,60	174	169	68,7	57—91	1,30	1,08—1,73
158	49	55,7	48—67	1,41	1,22—1,70	175	136	70,0	58—89	1,31	1,08—1,66
159	62	55,2	46—75	1,37	1,12—1,87	176	143	69,4	57—98	1,27	1,05—1,80
160	100	56,7	48—68	1,38	1,17—1,66	177	102	70,6	60—85	1,27	1,08—1,53
161	104	57,6	46—70	1,38	1,10—1,68	178	86	70,4	60—81	1,25	1,06—1,44
162	124	58,8	48—70	1,38	1,13—1,65	179	72	71,3	61—84	1,24	1,06—1,47
163	153	59,8	51—75	1,38	1,18—1,76	180	52	72,7	65—84	1,25	1,12—1,44
164	155	60,6	51—70	1,37	1,13—1,61	181	38	72,8	63—86	1,23	1,06—1,45
165	177	60,5	49—72	1,35	1,09—1,60	182	31	74,5	60—90	1,24	1,00—1,49
166	177	61,8	43—80	1,33	0,94—1,75	183	25	75,2	64—86	1,23	1,04—1,40
167	163	62,9	53—81	1,35	1,14—1,74	184	11	77,5	67—91	1,24	1,08—1,46

[1] Vgl. Münchn. med. Wschr. 1921, Nr. 31 u. 32, sowie neuerdings: Korrelative Variabilität des Normaltypus und Arterhaltung. Zschr. indukt. Abstammgl. 1928, Bd. 47, H. 4, S. 287—340.

[2] Q = Körperquerschnitt; L = Körperlänge.

[3] Vgl. C. R. BARDEEN: The height-weight-index of build in relation to linear and volumetric proportions and surface-area of the body during post-natal development. Publ. 272 of the Carnegie Inst. of Washington S. 483—554, o. J.

Längenausdehnung, der am besten auch dem allgemeinen Eindruck entspricht. Er sinkt daher von der frühesten Kindheit mit leichten Schwankungen bis zum Erwachsenen, wo er im männlichen Geschlecht im Mittel beim Europäer, je nach der Rassenzusammensetzung, ungefähr 1,22—1,35 beträgt, aber eine individuelle Schwankung von 0,85 (Astheniker) bis 2,68 (Berufsringer) aufweist. Zur Beurteilung des Index sei eine Tabelle eingefügt, die die Durchschnittswerte von 3076 Turnern (Messungen anläßlich des 13. Deutschen Turnfestes in München 1923) enthält. Aus der folgenden Tabelle ist ersichtlich, daß auch beim Erwachsenen die Körpergröße zu berücksichtigen ist.

Anläßlich der Schülerspeisungen ist der Index der Körperfülle von vielen Seiten zur Beurteilung individueller Fälle als unbrauchbar und irreleitend bezeichnet worden. Diese Kritik ist aber unberechtigt. Der Irrtum beruht einmal darauf, daß der Index als ein untrüglicher Maßstab des Ernährungszustandes aufgefaßt wurde (was er der Natur seiner Zusammensetzung nach gar nicht sein kann), und dann, daß kleine Abweichungen von einer aufgestellten Norm als Zeichen von Unterernährung gewertet wurden. Der Ernährungszustand eines Menschen ist eine so komplexe Größe, daß er niemals aus zwei Maßen erschlossen werden kann. Ferner wurde dieselbe Indexzahl als für alle Altersklassen gleichwertig betrachtet, während der Index nur unter Berücksichtigung des chronologischen Alters *und* der Körpergröße im Vergleich zur Durchschnittsgröße der betreffenden Altersklasse verwendet werden darf[1]. ROHRER (1921) hat ergänzend noch zwei weitere Indices zur Kenntlichmachung der allgemeinen Bauverhältnisse des Körpers im Anschluß an den Index der Körperfülle (J_K) aufgestellt:

1. Den Index der Skeletbreite $(J_S) = 100 \frac{l_1 \times l_2 \times l_3}{l_1^3} = \frac{J_K}{J_E}$.

2. Den Index des Ernährungszustandes $(J_E) = 100 \frac{G}{l_1 \times l_2 \times l_3} = 100 \frac{J_K}{J_S}$,

wobei l_1 die Körpergröße, l_2 die Körperbreite (Schulterbreite oder Mittelwert aus Schulterbreite und Beckenbreite [Cristalbreite]) und l_3 die Körpertiefe (sagittaler Thoraxdurchmesser oder das Mittel aus diesem Maß und dem sagittalen Beckendurchmesser) wiedergeben.

Im einzelnen Fall, auch beim Erwachsenen, zeigt der Index jede eingetretene Veränderung der Massenentwicklung im Verhältnis zur Körpergröße als Unter- bzw. Übermaßigkeit im Hinblick auf Masse und Größe ohne weiteres an; ob beim wachsenden Menschen der Ausschlag im Index durch eine Vermehrung bzw. Verminderung des Gewichtes (der Körpermasse) oder durch eine Zunahme bzw. ein Stehenbleiben im Längenwachstum bedingt ist, vermag natürlich nur ein Vergleich mit absoluten Durchschnittsmaßen zu lehren. Im Zusammenhang mit dem Rumpfbreitenindex (s. S. 28) gewinnt der Index der Körperfülle noch an Genauigkeit.

Der *Index ponderalis* (LIVI):

$$\frac{1000 \sqrt[3]{\text{Körpergewicht}}}{\text{Körpergröße}}.$$

Der Index stellt in gewissem Sinne eine Umkehr des Index der Körperfülle dar, da hier das Gewicht durch Berechnung der Kubikwurzel auf eine lineare Größe reduziert wird.

[1] Trotz dieser klaren Auseinandersetzung (vgl. 1. Aufl. dieser Anthropometrie, 1925) über die Stellung, die der Index der Körperfülle bei der körperlichen Beurteilung einzunehmen hat, rollt KAUP (1926) in „Die Biologie der Person: Bedeutung des Normbegriffes in der Personallehre", S. 203ff. diese Frage nochmals auf, um die Unbrauchbarkeit des „Rohrer"-Index darzulegen. Die Herausgeberin.

Unabhängig von Körpergröße und Geschlecht soll

OEDERS *Index ponderis*

sein. OEDER verwandte für die Berechnung seiner Formel, d. h. eines Normalgewichtes nicht die als Standhöhe gemessene Körpergröße, sondern eine sog. „proportionelle Körpergröße“, die der doppelten Oberlänge, d. h. dem doppelten Scheitel-Symphysenmittenabstand (s. oben S. 9) gleichkommt, um die variable Länge der unteren Extremität auszuschalten, weil die Masse des Rumpfes das Körpergewicht mehr beeinflußt als die Beinlänge.

Seine Formeln lauten:

Normalgewicht = $(P\,Kgr - 100)$ kg (ohne Kleider), wobei $P\,Kgr$ proportionelle Körpergröße bedeutet.

Ferner unter Beiziehung des Brustumfanges (für weibliche Individuen):

$$\text{Normalgewicht} = \frac{(P\,Kgr - 100) + \dfrac{(P\,Kgr \cdot C)}{200}}{2}\,.$$

C = arithmetisches Mittel des Brustumfanges in Zentimetern bei tiefster Ein- und Ausatmung (oberhalb der Mammae gemessen).

Das Normalgewicht OEDERS entspricht also nicht einem allgemeinen arithmetischen Durchschnittsgewicht, sondern vielmehr dem Gewicht bei normalem Ernährungszustand, wie es an Individuen in seiner diätetischen Kuranstalt in Dresden festgestellt wurde.

OEDER, der durch seine Gewichtsverhältniszahl einen möglichst einfachen Ausdruck für den Ernährungszustand Erwachsener geben will, berechnet also einfach:

$$\frac{\text{Istgewicht}}{\text{Sollgewicht}}\,.$$

Das Istgewicht wird durch Wägung ohne Kleider, und zwar als höchstes Tagesgewicht am Abend, festgestellt; für die Berechnung des Sollgewichtes ist die Messung der Oberlänge erforderlich. Der Index ponderis ist also eine Art spezifische Ernährungsgewichtszahl, die darüber orientiert, wie sich das tatsächliche Gewicht eines Individuum zu dem Gewicht desselben Individuum bei „zentralnormaler“ Ernährungszustandsstufe verhält.

OEDER kommt dabei zu folgender Indexeinteilung für verschiedene Ernährungsstufen Erwachsener[1]:

s. m.	= sehr mager	(0,693) — 0,811	mager 0,500—0,924
m.	= mager	0,793 — 0,890	
m. m.	= mäßig mager . . .	0,860 — 0,947	
f. n.	= fast normal	0,913 — 0,985	normal 0,925—1,075
c. n.	= zentralnormal . . .	0,963 — 1,039	
ü. n.	= übernormal	1,017 — 1,079	
m. f.	= mäßig fett	1,056 — 1,174	fettleibig 1,076—(1,700)
f.	= fett	1,148 — 1,257	
s. f.	= sehr fett	1,260 — (1,500)	

Zentralzahl der Mittelstufe = 1,000; sie entspricht der Mittelstufe zwischen Magerkeit und Fettleibigkeit.

Die OEDERsche Formel ist nur für Erwachsene über 1,40 m Körpergröße gültig.

Viel einfacher ist die Berechnung des *Normalgewichtes* nach BROCA (eigentlich von ROBERT und ALLAIRE eingeführt):

Normalgewicht = (Körpergröße [in cm] — 100) kg.

[1] Nach privater Mitteilung aus einem noch nicht veröffentlichten Manuskript.

Mit Recht haben BRUGSCH und SCHWIENING darauf hingewiesen, daß diese Formel nur für Körpergrößen von 155—165 cm (im Mittel 160 cm) Gültigkeit hat. Bei Kleinwüchsigen übersteigt das Normalgewicht die Zentimetergewichtszahl um 3 kg; bei einer Körpergröße von 184 cm bleibt das Normalgewicht um 6,1 kg hinter der verlangten Größe von 84 kg zurück. Bei steigender Körpergröße bleibt also das Normalgewicht immer mehr hinter dem Zentimetergewicht zurück, bei sinkender Körpergröße nimmt es dagegen immer mehr zu.

Daher hat BRUGSCH folgenden Abänderungsvorschlag gemacht:

Für Körpergrößen von 155—164 cm ist das Normalgewicht = (Körpergröße [in cm] − 100) kg,
„ „ „ 165—174 „ „ „ „ = („ „ „ − 105) „ ,
„ „ „ 175—185 „ „ „ „ = („ „ „ − 110) „ .

Es kann sich hier aber nur um runde Zahlen handeln, die im Einzelfalle unrichtige Resultate ergeben müssen.

Statt der Körpergröße, wieder um die Beinlänge auszuschalten und um nur das Längenmaß des die inneren Organe umschließenden Rumpfes zu berücksichtigen, verwendet v. PIRQUET

die *Stammlänge* oder *Sitzhöhe* zur Berechnung einer Verhältniszahl.

Seine Formel lautet:

$$\text{Pelidisi} = \frac{\sqrt[3]{10 \cdot \text{Gewicht}}}{\text{Stammlänge}}.$$

(Der Name setzt sich zusammen aus **P**ondus, **de**cies, **li**neare, **di**visio, **s**edentis **a**ltitudo. Zur Berechnung dieser Formel sind Berechnungstabellen vorhanden: vgl. C. v. PIRQUET 1919. System der Ernährung. 2. Teil. Berlin, S. 288—291. Auch separat mit englischem Text: Pelidisi-Table 1921, Wien und Leipzig.)

Außerdem schätzt v. PIRQUET noch den Blutgehalt der Haut, ihren Fettgehalt, ihren Turgor und endlich die Stärke der Muskulatur. Zur schematischen Aufschreibung werden die Anfangsbuchstaben dieser Qualitäten verwendet: *bl* = Blutgehalt, *f* = Fettgehalt, *t* = Turgor, *m* = Muskulatur. Die quantitativen Abstufungen werden durch Vokale ausgedrückt, welche den genannten Konsonanten angehängt werden, und zwar erfolgt die Abstufung in der Reihenfolge der Klanghöhe: *i*, *e*, *a*, *o*, *u*. Es bedeutet *i* = übermäßig, *e* = reichlich, *a* = mittel oder normal, *o* = vermindert, *u* = sehr gering oder fehlend; z. B. heißt: *blo* = Blutgehalt vermindert, *mu* = Muskulatur sehr gering. Näheres vgl. l. c. 1919, S. 284ff

Gilt die Methode von v. PIRQUET zunächst auch nur für Kinder, so ist sie doch auch für Erwachsene anwendbar, bei denen allerdings die Fettentwicklung der Glutaealregion die Stammlänge etwas beeinflussen kann.

Statt des Gewichtes oder neben demselben wird auch der Brustumfang zur Berechnung von Indices beigezogen. Am einfachsten ist der

Erismann-Index:

$^1/_2$ Körpergröße — Brustumfang (in der Atempause gemessen).

Der Brustumfang soll mindestens die Hälfte der Körpergröße ausmachen. An Stelle dieses Index empfiehlt BRUGSCH den

Proportionellen Brustumfang (s. oben S. 11):

= Brustumfang · 100 : Körpergröße.

Er charakterisiert durch diesen Index die Individuen nach ihrer Breitenentwicklung und bezeichnet Individuen mit Brustumfang unter 50 als engbrüstig, von 51—54 als normalbrüstig und über 55 als weitbrüstig.

Rein empirisch gewonnen sind die Indices von PIGNET und BORNHARDT:

Konstitutions-Index (auch Coefficient de robusticité und Indice numérique genannt) von PIGNET:

Körpergröße (in cm) — Brustumfang (in cm) + Gewicht (in kg).

Berechnet wird also die Differenz zwischen der Körpergröße und der Summe von Brustumfang und Gewicht. Leider ist nicht angegeben, wie der Brustumfang gemessen werden soll.

Nach PIGNET nehmen bei normaler Entwicklung bei einer Körpergröße zwischen 154 und 195 cm Brustumfang und Gewicht regelmäßig zu, so daß sich ein fast konstanter Index ergibt, der zwischen 21,4 und 25,9 schwankt. Je kleiner der Index, um so besser die Konstitution. Da sich bei großen Beobachtungsreihen Erwachsener aber Schwankungen von 0—37 ergeben können, wird folgende Einteilung vorgeschlagen:

unter	10	sehr kräftige Konstitution,
von	11—15	starke Konstitution,
von	16—20	gute Konstitution,
von	21—25	mittelmäßige Konstitution,
von	26—30	schwächliche Konstitution,
von	31—36	sehr schwache Konstitution,
über	36	schlechte Konstitution.

Für Jugendliche hat obige Einteilung keine Gültigkeit. FLORSCHÜTZ erachtet ein Individuum nur dann für versicherungsfähig, wenn sein Index 10 oder weniger beträgt.

Der *Bornhardtsche Index* wird berechnet:

$$\text{Gewicht} - \frac{\text{Brustumfang} \cdot \text{Körpergröße}}{240}.$$

Ursprünglich nur für 20jährige russische Rekruten verwendet, wurde die Einteilung des Index von GUTTMANN, der ihn als ausschließlichen Ernährungsindex auffaßt, auf männliche Individuen von der Geburt bis zum 30. Lebensjahr erweitert.

Aus der Tabelle (S. 27) geht hervor, daß der BORNHARDTsche Index ähnlich wie der Index der Körperfülle nur im Zusammenhang mit dem chronologischen Alter des Individuum beurteilt werden darf. Der Index beginnt in der frühen Kindheit auch bei dem gut ernährten Durchschnittstypus mit negativen Werten, um in der Pubertätszeit nach der positiven Seite umzuschlagen, und dann beim gut ernährten Erwachsenen dauernd positiv zu bleiben.

FLORSCHÜTZ verwendet statt des Brustumfanges den Bauchumfang. Seine Formel lautet:

Körpergröße : 2 · Bauchumfang — Körpergröße.

Diese Formel wird vor allem von der Versicherungsmedizin benutzt, da eine fehlende Korrelation von Bauchumfang und Körpergröße als ein Symptom einer schlechten Konstitution angesehen wird.

In ähnlicher Weise zieht LENNHOFF neben dem Bauchumfang die Länge der vorderen Rumpfwand zur Berechnung bei.

Lennhoffscher Index:

Länge der vorderen Rumpfwand · 100 : Bauchumfang.

Klassifikation des Ernährungszustandes männlicher Individuen nach dem Bornhardtschen Index[1].

Alter in Jahren	Zahl der gemessenen Individuen	*Ma* Maximum fett	*M+f* sehr gut	*M+r*	*M* Arithmetisches Mittel	*M−r*	*M−f* genügend	*Mi* Minimum mager
				gut				
				von	über	bis		
Neugeborene	100	− 3 bis	− 3,7 bis	− 4,0	− 4,7	− 5,4	bis − 5,7	bis − 7,0
1	100	0 „	− 2,1 „	− 2,4	− 3,1	− 3,8	„ − 4,1	„ − 6,0
2	100	0 „	− 2,5 „	− 2,9	− 3,6	− 4,3	„ − 4,7	„ − 7,0
3	100	− 1 „	− 2,8 „	− 3,3	− 4,4	− 5,5	„ − 6,0	„ − 8,0
4	100	− 2 „	− 3,5 „	− 3,9	− 4,7	− 5,5	„ − 5,9	„ − 8,0
5	100	+ 2 „	− 3,2 „	− 3,6	− 4,9	− 6,2	„ − 6,6	„ − 8,0
6	100	0 „	− 3,5 „	− 4,0	− 5,1	− 6,2	„ − 6,7	„ − 8,2
7	125	+ 2 „	− 3,2 „	− 3,8	− 5,0	− 6,2	„ − 6,8	„ − 9,0
8	155	+ 3 „	− 2,6 „	− 3,2	− 4,5	− 5,8	„ − 6,4	„ − 9,0
9	143	+ 5 „	− 1,7 „	− 2,3	− 3,7	− 5,1	„ − 5,7	„ − 10,0
10	236	+ 8 „	− 1,2 „	− 1,9	− 3,4	− 4,9	„ − 5,6	„ − 14,0
11	679	+ 6 „	− 1,6 „	− 2,4	− 3,7	− 5,0	„ − 5,8	„ − 9,0
12	1098	+ 14 „	− 1,2 „	− 1,9	− 3,4	− 4,9	„ − 5,6	„ − 11,0
13	1169	+ 13 „	+ 0,3 „	− 0,6	− 2,5	− 4,0	„ − 4,9	„ − 9,0
14	1064	+ 16 „	+ 2,4 „	+ 1,3	− 1,0	− 3,3	„ − 4,3	„ − 10,0
15	998	+ 21 „	+ 4,0 „	+ 2,9	+ 0,4	− 1,7	„ − 2,8	„ − 8,0
16	841	+ 24 „	+ 5,5 „	+ 4,4	+ 2,2	0,0	„ − 1,1	„ − 7,0
17	718	+ 27 „	+ 6,9 „	+ 5,8	+ 3,4	+ 1,0	„ − 0,1	„ − 7,0
18	700	+ 24 „	+ 7,9 „	+ 6,6	+ 4,0	+ 1,4	„ + 0,1	„ − 6,0
19	492	+ 27 „	+ 9,2 „	+ 7,9	+ 5,0	+ 2,2	„ + 0,8	„ − 5,0
20	300	+ 25 „	+ 9,3 „	+ 8,0	+ 5,3	+ 2,6	„ + 1,3	„ − 4,0
21	216	+ 28 „	+ 11,0 „	+ 9,5	+ 6,3	+ 3,1	„ + 1,6	„ − 5,7
22	183	+ 29 „	+ 11,2 „	+ 9,7	+ 6,5	+ 3,3	„ + 1,8	„ − 1,3
23	138	+ 28 „	+ 12,3 „	+ 10,6	+ 7,0	+ 3,4	„ + 1,7	„ − 4,3
24	152	+ 25 „	+ 12,0 „	+ 10,1	+ 6,8	+ 3,5	„ + 1,9	„ − 4,3
25	155	+ 23 „	+ 11,5 „	+ 9,9	+ 6,6	+ 3,3	„ + 1,7	„ − 4,5
26	141	+ 23 „	+ 11,1 „	+ 9,6	+ 6,5	+ 3,4	„ + 1,9	„ − 4,5
27	108	+ 21 „	+ 11,9 „	+ 10,3	+ 7,0	+ 3,7	„ + 2,1	„ − 4,0
28	127	+ 23 „	+ 12,9 „	+ 11,1	+ 7,5	+ 3,9	„ + 2,1	„ − 4,0
29	114	+ 22 „	+ 13,5 „	+ 11,8	+ 8,3	+ 4,8	„ + 3,1	„ − 2,5
30	115	+ 24 „	+ 14,7 „	+ 12,9	+ 9,1	+ 5,3	„ + 3,5	„ − 1,4

Am umständlichsten ist die

Konstitutionsformel von DE LA CAMP, weil hier neben Körpergröße, Körpergewicht, Brustumfang und Atmungsspielraum auch die Herzgröße in Rechnung gestellt wird.

Der Index lautet:

$$\frac{t_h \cdot K_1 \cdot K_2 \cdot \dfrac{G}{Kgr - k_3}}{u}.$$

Dabei sind: t_h = transversaler Herzdurchmesser, $K_1 = \frac{t_b}{t_h}$, wobei t_b transversaler Brustdurchmesser bei mittlerer Atmung bedeutet,

$$K_2 = \frac{u_1 + (u_2 - u_3)}{t_b}.$$

[1] Es bedeuten $f = \pm\sqrt{\frac{\sum \delta^2 \nu}{n-1}} = \pm 33$ = mittlere Abweichung des Einzelwertes, $r = \pm 0{,}6745 \cdot f = \pm 2{,}2$ = wahrscheinliche Abweichung des Einzelwertes, wobei δ = Abweichung des Einzelwertes von M und ν = absolute Zahl der Fälle für jede Stufe sind.

Es sind: u_1 = Brustumfang bei mittlerer Atmung,
u_2 = Brustumfang bei tiefster Einatmung,
u_3 = Brustumfang bei tiefster Ausatmung,
G = Körpergewicht (Nacktgewicht),
Kgr = Körpergröße,
k_3 = Körpergröße — Körpergewicht (Konstante).

Konstitutionsindex von WERTHEIMER[1] (1926):

$$\frac{(\text{Beinlänge} \cdot 10)^3}{\text{Transversaler Brustdurchmesser} \cdot \text{Sagittaler Brustdurchmesser} \cdot \text{Rumpfhöhe}} \cdot 100 .$$

Wenig verwendet und geprüft sind bis jetzt die Formeln von OPPENHEIMER, SPERK u. a., so daß sie hier übergangen werden können.

Andere wichtige Indices sind:

Thorakalindex:

$$\frac{\text{Sagittaler Brustdurchmesser} \cdot 100}{\text{Transversaler Brustdurchmesser}} .$$

Brustumfang bei Exspiration : Brustumfang bei Inspiration.
Beckenbreite : Schulterbreite.
Breite zwischen den Darmbeinstacheln : Breite zwischen den Darmbeinkämmen.
Rumpfbreitenindex: Breite zwischen den Darmbeinkämmen : Akromienbreite.
Stammbreitenindex: Hüftbreite : Akromienbreite.
Rumpfvolumen (nach BRUGSCH):

$$\frac{\text{Länge der vorderen Rumpfwand } [27] \cdot \text{Brustumfang}^2 \ [61]}{4\,\pi} .$$

Oberarm, Unterarm, Handlänge: Ganze Armlänge.
Unterarmlänge : Oberarmlänge.
Oberarmumfang gestreckt : Oberarmlänge.
Größter Oberarmumfang : Größter Unterarmumfang.
Kleinster Unterarmumfang : Größter Unterarmumfang.
Armlänge : Beinlänge.
Oberschenkel, Unterschenkel, Fußlänge : Ganze Beinlänge.
Unterschenkellänge : Oberschenkellänge.
Oberschenkelumfang : Oberschenkellänge.
Größter Unterschenkelumfang : Größter Oberschenkelumfang.
Kleinster Unterschenkelumfang : Größter Unterschenkelumfang.

Ferner ist es wichtig, folgende Kopfindices zu berechnen, da bestimmte Korrelationen zwischen Kopf und Körperwachstum bestehen, und weil die Rassenzugehörigkeit, für welche Kopf- und Gesichtsform von besonderer Wichtigkeit sind, selbst in unseren stark gemischten europäischen Populationen nicht ohne Einfluß auf die Körperbautypen zu sein scheinen.

Horizontalumfang des Kopfes : Körpergröße.

Längen-Breitenindex des Kopfes $= \dfrac{Gr\,KB \cdot 100}{Gr\,KL}$.

Die für diesen Index gebräuchliche Terminologie lautet:

dolichokephal = lang- bzw. schmalköpfig	x—75,9
mesokephal = mittelköpfig	76,0—80,9
brachykephal = kurzköpfig	81,0—85,4
hyperbrachykephal = sehr kurzköpfig bzw. breitköpfig . . .	85,5—x

[1] WERTHEIMER, F. J. u. HESKETH, F. E., 1926, The significance of the physical constitution in mental disease. Medicine Monographs X, Baltimore, 76 S.

Längen-Höhenindex:

$$\frac{\text{Ohrhöhe des Kopfes} \cdot 100}{\text{Größte Kopflänge}}.$$

Einteilung:

chamaekephal = niedrigköpfig	x—57,9
orthokephal = mittelköpfig	58,0—62,9
hypsikephal = hochköpfig	63,0—x

Transversaler Frontoparietalindex:

$$\frac{\text{Kleinste Stirnbreite} \cdot 100}{\text{Größte Kopfbreite}}.$$

Der Index bringt das Verhältnis der Stirnentwicklung zur parietalen Kopfbreite gut zum Ausdruck, kann aber natürlich absolut durch beide Maße beeinflußt werden.

Physiognomischer Gesichtsindex:

$$\frac{\text{Physiognomische Gesichtshöhe} \cdot 100}{\text{Jochbogenbreite}}.$$

Morphologischer Gesichtsindex:

$$\frac{\text{Morphologische Gesichtshöhe} \cdot 100}{\text{Jochbogenbreite}}.$$

Die Einteilung ist die folgende:

hypereuryprosop = sehr kurzgesichtig	x—78,9
euryprosop = kurz- oder breitgesichtig	79,0—83,9
mesoprosop = mittelgesichtig	84,0—87,9
leptoprosop = lang- oder schmalgesichtig	88,0—92,9
hyperleptoprosop = sehr schmalgesichtig	93,0—x

Nasenindex:

$$\frac{\text{Nasenbreite} \cdot 100}{\text{Nasenhöhe}}.$$

Einteilung:

hyperleptorrhin = sehr schmalnasig	x—54,9
leptorrhin = schmalnasig	55,0—69,9
mesorrhin = mittelnasig	70,0—84,9
chamaerrhin = breitnasig	85,0—99,9
hyperchamaerrhin = sehr breitnasig	100,0—x

Jugofrontalindex:

$$\frac{\text{Kleinste Stirnbreite} \cdot 100}{\text{Jochbogenbreite}}.$$

Jugomandibularindex:

$$\frac{\text{Unterkieferwinkelbreite} \cdot 100}{\text{Jochbogenbreite}}.$$

Durch die beiden letzteren Indices wird die Gesichtskontur in der Norma frontalis charakterisiert.

Schließlich kann auch die *Kapazität des Schädels* aus äußeren Maßen annähernd bestimmt werden: Als mittlere Formeln zur Berechnung seien diejenigen von Lee-Pearson empfohlen. Als Maß benötigt man dazu die größte

Länge, die größte Breite und die Ohrhöhe. Da die Kopfmaße zunächst aber auf Schädelmaße reduziert werden müssen, so sind von jedem Maß vor der Berechnung 11 mm abzuziehen. Die Formeln lauten daher:

für Männer: Kapazität = 0,000337. (Länge − 11). (Breite − 11). (Ohrhöhe − 11) + 406,01,
für Frauen: Kapazität = 0,000400. (Länge − 11). (Breite − 11). (Ohrhöhe − 11) + 206,60.

V. Beschreibende Merkmale.

Von denjenigen Merkmalen, die durch einfache Beschreibung oder durch Schemata festgestellt werden, seien hier nur kurz die wichtigsten angegeben. Die Einführung von Schemata hat den Vorteil, daß unklare oft vieldeutige sprachliche Ausdrücke vermieden werden und eine Einheitlichkeit in der Terminologie erreicht wird, und daß, was besonders zu beachten ist, die betreffenden Merkmale dadurch auch einer quantitativen statistischen Verarbeitung zugänglich gemacht werden können.

Zunächst ist es notwendig, die Ausbildung der Komponenten kurz zu charakterisieren, auf denen die Körpermasse, d. h. das Körpergewicht zum großen Teil beruht. Das Gewicht der inneren Organe entzieht sich beim Lebenden einer genauen Bestimmung.

1. Die Entwicklung des Knochenbaues.

Es ist wichtig, sich durch Inspektion davon einen gewissen Eindruck zu verschaffen. Am besten unterscheidet man als einzelne Kategorien: 1. sehr grob, 2. grob, 3. mittel, 4. fein, 5. sehr fein, wobei vor allem auch auf die Entwicklung der Gelenke (von rachitischen Veränderungen abgesehen) zu achten ist. Ergänzend können hier die oben S. 14 und 16 angegebenen Breitenmaße (untere Radio-ulnarbreite und Epicondylenbreite unter Berücksichtigung der Längenentwicklung der betreffenden Knochen) beigezogen werden.

2. Die Entwicklung der Muskulatur.

Hier ist auf drei verschiedene Momente zu achten:

a) auf die Ausbildung: 1. sehr kräftig (athletisch), 2. kräftig, 3. gut, 4. mittel, 5. schwach, 6. sehr schwach;

b) auf das Relief: 1. stark hervortretend, 2. mittel hervortretend, 3. schwach hervortretend;

c) auf den Tonus: 1. straff, 2. mittelmäßig, 3. schlaff. Man kann dafür auch die Tandlerschen Ausdrücke: hypertonisch, normaltonisch, hypotonisch verwenden. Eine einfache exakte Methode, den Muskeltonus zu messen, gibt es noch nicht.

Bei einzelnen Habitusformen, besonders bei bestimmten Sporttypen, kann die Ausbildung der Muskulatur auffallende und typische regionale Unterschiede aufweisen.

In allen 3 Kategorien ist die Reihenfolge eine absteigende, so daß z. B. a 1, b 1, c 1 eine sehr kräftige, dagegen a 5, b 3, c 3 eine schlechte Entwicklung der Muskulatur anzeigt.

3. Die Entwicklung des Unterhautfettes.

Zur allgemeinen Charakterisierung, soweit das subcutane Fettpolster in Betracht kommt, genügt wohl die Einteilung in die folgenden Gruppen: 1. sehr fett, 2. fett, 3. mittel, 4. mager, 5. sehr mager.

Will man nach objektiven Kriterien urteilen, so kann man auch nach dem Vorgange Oeders, Peisers, Batkins, Neumans, Fehrs u. a. direkt die Dicke des Unterhautfettes an der vorderen Bauchwand durch Messung feststellen. Natürlich muß die Beobachtung immer an derselben Körperstelle durchgeführt werden, und zwar am besten an der vorderen Bauchwand, rechts oder links neben dem Nabel beim aufrechtstehenden Individuum. Man fasse eine der Körperlängsachse parallel laufende Hautfalte zwischen Daumen und Zeigefinger der linken Hand, wobei die Falte gleichmäßig und kräftig von der Muskelfascie abgehoben werden muß. Hierauf mißt man mittels Gleit- oder Tasterzirkel die maximale Dicke dieser Hautfalte an deren Basis, wobei die Zirkelspitzen aber nur mit leichtem Druck auf die Haut aufgesetzt werden dürfen. Selbstverständlich gibt der gefundene Wert die doppelte Dicke des subcutanen Fettpolsters an, und zwar sind die mittels des Tasters festgestellten Dicken in der Regel um 1—2 mm kleiner als die mit dem Gleitzirkel gefundenen, weil die Spitzen der Tasterarme sich leicht etwas tiefer in die Haut eindrücken als die flachen und breiten Arme des Gleitzirkels.

Es lassen sich mit dieser Methode vor allem auch zeitliche Veränderungen der Fettpolsterdicke (Vermehrung bzw. Verminderung) ziemlich genau feststellen.

Nicht immer aber geht es an, die Dicke des Fettpolsters an der vorderen Bauchwand neben dem Nabel als maßgebend für die allgemeine Entwicklung des Unterhautfettes anzusehen, weil häufig bedeutende und ganz charakteristische regionale Unterschiede in der Fettablagerung bestehen, die unbedingt zu beachten sind. Prädilektionsstellen für stärkeres Fettpolsterlager sind im allgemeinen die Hüften, das Gesäß und die vordere Bauchwand, letztere besonders im höheren Alter, und zwar mit Zunahme der Schichtdicke vom Nabel abwärts bis zum Schamberg. An anderen Körperstellen, z. B. am Rücken, besonders in der Schultergegend und an den Unterarmen, ist die Fettschicht bedeutend geringer.

Bekannt ist die sexuelle Differenz und die als Steatopygie, d. h. Ferttsteiß, bezeichnete Fettbildung der Hottentotten und Buschmänner, die sich über das Gesäß und die Steatomerie, über Hüfte und Oberschenkel erstreckt; letztere kommt auch bei reifen europäischen, besonders südosteuropäischen Frauen nicht ganz selten vor. J. Bauer hat sie als „Reithosentypus“ bezeichnet. Gelegentlich beobachtet man auch in der Kinnregion, am Hals (besonders im Nacken), an der Brust und am Unterschenkel starke Fettablagerungen. Bei kleinwüchsigen bayrischen und sächsischen Frauen bzw. Mädchen habe ich besonders starke Fettansammlung am Ober- und Unterschenkel beobachtet, während der Rumpf relativ fettarm war.

Bei Unterernährung oder Erkrankung können die Fettreserven erstaunlich rasch eingeschmolzen werden (z. B. während der Kriegsjahre bei älteren Individuen).

Bei diesen zeitlich großen Schwankungen der Fettentwicklung und damit auch des Körpergewichtes ist es dringend notwendig, bei der Beurteilung bestimmter Körpermaße, z. B. des Brustumfanges, des Bauchumfanges, oder bestimmter Relationen wie beim Verhältnis von Körpergröße zu Körpergewicht auf den Grad der Entwicklung des Unterhautfettes Rücksicht zu nehmen. Aus diesen Gründen empfiehlt sich der Oedersche Index ponderis, der das zentralnormale Körpergewicht in Rechnung stellt. Die Stärke des Unterhautfettpolsters direkt mit dem Ernährungszustand gleichzusetzen, geht natürlich nicht an, aber sie ist doch ein wichtiges Moment für die Beurteilung des Habitus und in vielen Fällen auch des Gesundheitszustandes. Tritt bei einem Individuum stärkere Abmagerung auf, so pflegt auch meist ein Verlust an körperlicher und geistiger Leistungsfähigkeit damit verbunden zu sein, während umgekehrt eine Neubildung von Fettreserven z. B. in der Rekonvaleszenz einen Anstieg der Arbeitsfähigkeit bedingt.

4. Körperhaltung.

Im Zusammenhang mit der Ausbildung der Muskulatur und indirekt der Wirbelsäule, des Brustkorbes und des Beckens steht auch die

Körperhaltung. Es unterliegt keinem Zweifel, daß sie nur zum Teil genotypisch bedingt, zum großen Teil aber erst durch paratypische Einflüsse (Berufsarbeit, Gewohnheit usw.) erworben wird und daher auch beeinflußbar ist. Darum ist ihr besondere Beachtung zu schenken. Für die Feststellung kommt nur die gewohnheitsmäßige Körperhaltung, wie sie am ruhigen und ungezwungen aufrechtstehenden Individuum beobachtet wird, in Betracht. Am besten bedient man sich der im Jahre 1916 von LLOYD T. BROWN aufgestellten 4 Haltungstypen, die empirisch an 700 Studenten der Harvard-University gewonnen wurden.

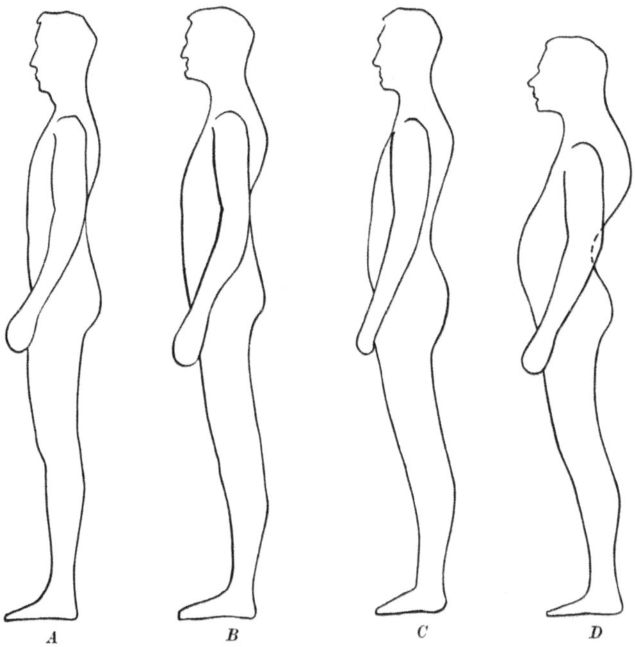

Abb. 12. Haltungstypen junger Männer. Schema nach LLOYD T. BROWN.

Typus A stellt die beste Körperhaltung dar. Kopf-, Rumpf- und Beinachse liegen in derselben Geraden. Der Brustkorb ist hochgezogen und gut gewölbt, das Abdomen eingezogen oder flach, die Rückenkurven sind mäßig ausgebildet.

Typus B zeigt eine leichte Abknickung der 3 Achsen. Die Kopf- und die Beinachse sind etwas nach vorn, die Rumpfachse ist leicht nach hinten geneigt. Der Kopf wird etwas nach vorn genommen, die Brust ist nicht mehr so hoch und nicht mehr so gut gewölbt, die obere Rückenkurve tritt etwas stärker hervor.

Typus C besitzt alle diese Merkmale in gesteigertem Maße. Die Brust ist flach, die vordere Bauchwand erschlafft und vorgewölbt, die Lendenlordose stark ausgesprochen, die Beinachse noch mehr nach vorn geneigt.

Typus D zeigt die schlechteste Haltung. Der Kopf wird stark nach vorn genommen und steht über die Brust vor. Diese ist flach, das Abdomen dagegen schlaff und vorgewölbt. Zur Korrektur der stark nach vorn geneigten Beinachse werden Brustkyphose und Lendenlordose stark übertrieben.

Zur Feststellung des Haltungstypus wird der zu Beurteilende aufgefordert, sich aufrecht, aber in ungezwungener, gewohnheitsmäßiger Körperhaltung so hinzustellen, daß dem Beobachter seine linke Körperhälfte im Profil zugewandt ist. Die Beurteilung erfolgt aus einer Entfernung von mindestens 2 m durch Vergleich mit dem Schema, wobei auf alle oben bezeichneten Merkmale (Kopf, vordere Brustwand, Abdomen, Rückenkurven, Beinstellung) Rücksicht zu nehmen ist.

5. Komplexion.

Zu den wichtigeren beschreibenden Merkmalen gehört auch noch die *Komplexion.* Obwohl in unseren europäischen, seit Jahrtausenden stark gemischten Populationen durch fortgesetzte Kreuzungen (Hybridisation) die ursprünglichen Pigmentkorrelationen stark gelockert sind, so ist der Pigmentcharakter doch noch als ein wesentliches konstitutionelles Merkmal zu betrachten, weil er ohne Zweifel genotypisch bedingt ist. Aber als maßgebend darf nur die Pigmentierung des Erwachsenen betrachtet werden, weil die Färbung der Haut, der Iris und der Haare sich im Laufe der Entwicklung verändert und der ererbte Charakter, besonders bei den beiden letztgenannten, erst beim Erwachsenen zur vollen Ausprägung kommt. Andererseits spielen auch peristatische Einflüsse schon von frühester Jugend an beim Färbungscharakter des Menschen eine Rolle, so daß bei Spezialfragen, z. B. Berufseinwirkung u. dgl., eine Reihe von Momenten zu beachten sind. Oberflächliche Beobachtungen haben hier weniger Wert als gar keine, weil sie falsche Urteile hervorrufen.

a) Haarfarbe. In der Regel wird darunter nur die Färbung des Kopfhaares verstanden, die von verschiedenen Momenten (Pigment, Luftgehalt, Dicke der Rindenschicht, Bau der Cuticula) abhängt, und die weder am einzelnen Haar noch an sämtlichen Stellen des Kopfes vollständig identisch ist. Fast regelmäßig ist die Färbung in der Nähe des Haarbodens dunkler als an den Spitzen des Haares, wo häufig eine leichte Bleichung oder ein fuchsiger Rotschimmer auftritt, und außerdem meist dunkler am Hinterkopf als an den Schläfen und am Scheitel.

Handelt es sich nur um eine allgemeine Charakteristik der Haarfarbe, so betrachte man das Mittelstück des Haares, d. h. einer Haarsträhne. Danach kann man unterscheiden: a) rein schwarz, b) schwarzbraun, c) dunkelbraun, d) rötlichbraun, e) hellbraun, f) dunkelblond, g) gelblich hellblond, h) aschblond, i) rot, k) albinotisch. Die erstgenannte Farbe kommt bei der europäischen Bevölkerung kaum vor.

Will man die Haarfarbe nach einem Schema bestimmen, so verwendet man dazu am besten die neue Haarfarbentafel von E. Fischer und K. Saller[1] (Abb. 13a u. b).

Nach Fischer unterschied man 2 Farbenreihen, die beide von ganz hellen Tönen zu dunklen ansteigen, in welchen die Helligkeitsgrade durch Pigmentvermehrung immer mehr abnehmen. In einer ersten, der sog. grauschwarzen Reihe fehlte die gelbe oder rötliche Komponente, und alle Töne spielen daher in Grau. Die zweite, die gelbbraune Reihe umfaßte dagegen alle Töne von einem hellen Weißgelb bis zu einem tiefen Schwarzbraun, und allen hellen Farben ist eine Rotkomponente beigemischt. Sie alle zeigen daher bei schräg auffallendem Licht einen mehr oder weniger deutlichen Schimmer ins Rötliche. Es gibt dann noch eine Reihe von rein roten Haarfarben, von denen in der Farbentafel aber nur 3 Proben enthalten waren. Die Grenze zwischen der grauen und der gelben Reihe liegt zwischen den Nummern 20 und 21. Was man gewöhnlich als hell- bis mittelblond zu bezeichnen pflegt, erstreckt sich über die Nummern 9—26.

[1] Hersteller der Haarfarbentafel nach Fischer-Saller: Haarformer O. Berger, Kiel, Holtenauer Str. 27.

Dunkelblond ist eigentlich nur Nr. 8, während die Töne 4—7 gewöhnlich als braun bezeichnet werden.

Bei unserer Bevölkerung überwiegen die Töne der gelbbraunen Reihe, aber graue, jede Rotkomponente entbehrende Haare sind nach meinen Erfahrungen bei bayrischen Kindern doch nicht so selten, wie gewöhnlich angenommen wird.

Daher hat SALLER (1924/27) in Übereinstimmung mit dem Verfasser eine Neuordnung der FISCHERschen Haarfarbentafel vorgenommen, die sich auch nach den Beobachtungen von BACH und GIESELER (1925) an 8000 Münchener Schulkindern als notwendig erwies. Die nebenstehende Tabelle (S. 35) gibt in Kürze einen Vergleich der früheren (FISCHERschen) Haarfarbentafel mit der neuen (Anthrop. Anz. 1928, Jhg. 5, H. 3, S. 242), wobei A als hellstes Blond, *Y* als tiefstes Blauschwarz, hingegen die Töne der roten Reihe mit römischen Zahlen (*I* als Tiefdunkelrot, bei *VI* als Rotblond) bezeichnet wird.

Um die Haarfarbe eines Individuum festzustellen, nimmt man den Bügel mit den Haarsträhnen aus dem Metalletui heraus, hält die Strähnenreihe an den Kopf, so daß Haare und Probesträhnen sich fast mischen. Hierauf notiert man die Nummer der Probe, die am meisten der Farbe des Haares entspricht. Natürlich kann man auch Zwischennummern wählen, was besonders in der Rotreihe notwendig ist. Die Feststellung der Haarfarbe kann nur bei gutem Licht gemacht werden.

b) Die *Hautfarbe* des Menschen zeigt einerseits bei jedem Individuum große angeborene regionale Differenzen und wird andererseits so mannigfach durch peristatische Momente beeinflußt, daß es notwendig ist, die Feststellung stets auf die gleichen Körperstellen zu beschränken. Von bedeckt getragenen Körperstellen eignen sich am besten die vordere Bauchwand oder die Beugeseite des Oberarmes, von unbedeckt getragenen die Stirne zur Beobachtung. Die Wangenregion ist infolge der sehr wechselnden Durchblutung und bei Männern infolge der Bartbehaarung dafür weniger geeignet. Bei der Beurteilung der Gesamtfärbung der Stirne darf man sich durch die bei Hellhäutigen im Sommer häufig auftretenden Epheliden (Sommersprossen) nicht beeinflussen lassen.

Ziemlich allgemein sind die folgenden Termini gebräuchlich: a) grauschwarz, b) schwarzbraun, c) rein dunkelbraun, d) rötlich dunkelbraun, e) rötlichbraun, f) reinbraun, g) hellbräunlich, h) olivengelb, i) gelblich, k) gelblichweiß, l) carminweiß, m) fahlweiß. Für Europäer, selbst bei starker Nachdunkelung, die bei gewissen Individuen nach Sonnenbädern und Bergtouren außerordentliche Grade erreichen kann, kommen nur die Töne d bis m in Betracht.

Aber auch für die Hautfarbe gibt es Schemata exakterer Abschätzung als die einfache Beschreibung. Verwendet wird entweder die Hautfarbentafel von v. LUSCHAN oder diejenige von FRITSCH. Die erstere enthält 36 Steinchen aus opakem Glas, die, in 2 Reihen angeordnet, fortlaufend numeriert, beidseitig in einem Blechrahmen eingelassen sind und in einem einfachen Blechetui untergebracht werden können. Die Nummern 1—5 entsprechen den Farben anämischer Europäer, die Nummern 6—35 den Farbtönen blutreicher Haut, von den hellsten (6) bis zu den dunkelsten (35) Tönen. Als Nr. 36 ist noch ein reinschwarzes Farbsteinchen aufgenommen, um daran den Unterschied auch der dunkelsten wirklich vorkommenden Hautfarbe vom reinen Schwarz beurteilen zu können. Die Oberflächen der farbigen Glasflüsse zeigen bisweilen störende Reflexe; man muß daher die Tafel bei der Aufnahme der Hautfarbe eines Individuum derart halten, daß diese Reflexe möglichst vermieden werden, oder man kann die zu beobachtende Hautstelle etwas anfeuchten, um ihr einen der Tafel ähnlichen Glanz zu verleihen. Bei der FRITSCHschen Hautfarbentafel sind die einzelnen Hautfarben in kleinen Feldern von 25 : 14 mm Größe nebeneinander auf feste Kartonstreifen aufgeklebt. Diese letzteren können unmittelbar über die zu vergleichenden Hautstellen gespannt werden. Die gewählten Farben sind unveränderliche Ölfarben, die den matten Glanz der menschlichen Haut besser zum Aus-

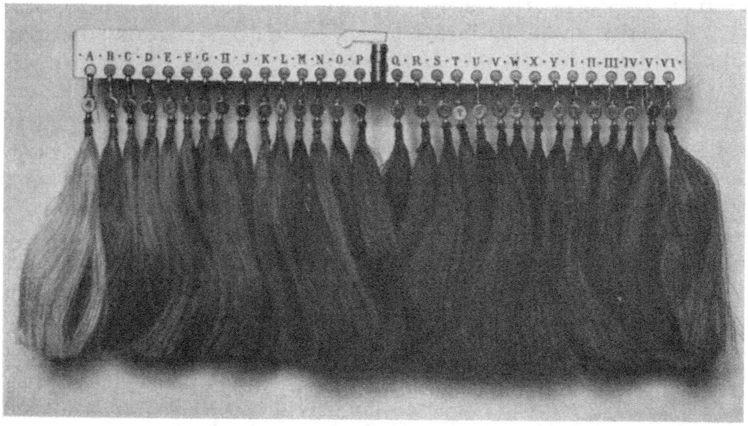

Abb. 13a.

Neue Haarfarbentafel nach FISCHER-SALLER	Alte Haarfarbentafel nach FISCHER
A	20
B	16—19
C	21—24
D	—
E	13—15
F	—
G	—
H	—
J	26
K	25
L	—
M	—
N	—
O	8
P	5
Q	—
R	—
S	6—7
T	—
U	—
V	4
W	—
X	—
Y	27
I	2
II	—
III	9—10
IV	1—3
V	10—11
VI	11—12

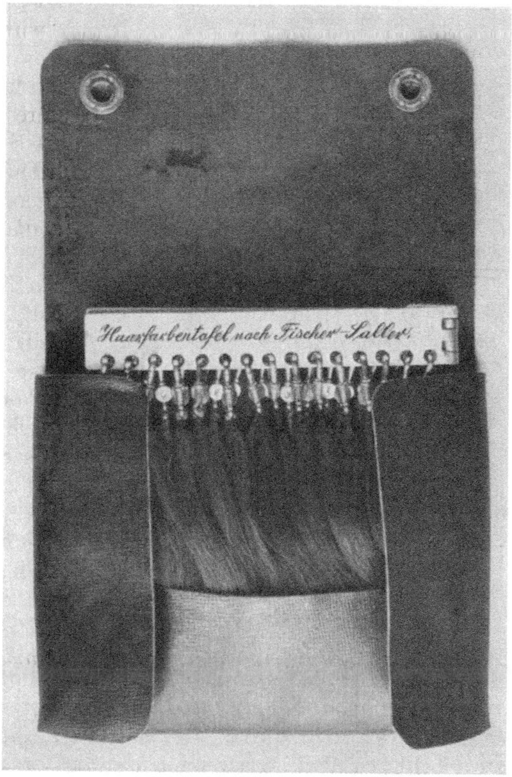

Abb. 13b.

Abb. 13a u. b. Neue Haarfarbentafel nach E. FISCHER und K. SALLER, 1928. Phot. Anthrop. Institut, München.

druck bringen als die reflektierenden Glasflüsse der v. LUSCHANschen Tafel. Ein feines Korn des gefärbten Papiers gibt auch die Struktur der menschlichen

Haut gut wieder. Die Tafel, die in Originalgröße von 21 : $13^1/_2$ cm bequem in der Instrumententasche mitgeführt werden kann, besteht aus je 6 Kartonstreifen mit je 7 Farbfeldern, denen noch ein Ergänzungsstreifen beigegeben ist. Die Bezeichnung des einzelnen Farbtones erfolgt in der Weise, daß die Streifen mit I—VI, die Farbfelder jeweils mit 1—7 angegeben werden. So zeigt die Bezeichnung I 6 oder IV 3 also einen ganz bestimmten Farbton an, der jederzeit an der Farbtafel identifiziert werden kann. Für europäische Nordländer kommt vor allem der Farbstreifen I Nr. 1—7, für Südländer Farbstreifen II Nr. 1—7 in Betracht.

Neuerdings wird der Hautfarbenfächer nach A. HINTZE benutzt, der alle Farben der Haut, der Schleimhaut wie auch der inneren Organe in einer der Unterscheidungsschwelle nahen Unterteilung enthält (vgl. Lehrb. d. Anthrop. 1928, Bd. 1, S. 208—210). Der bzw. die Fächer bestehen aus 358 Farbproben auf 14 kreissektorenförmigen Blättern, die in 3 Fächern, General-, Normal- und Rötungsfächer, von je 6 bzw. 4 bzw. 4 Blättern zusammengestellt sind. Die Farbproben bestehen aus homogenen, stumpfen, weitgehend lichtechten Farbenaufstrichen auf Kartonblättern[1].

c) Auch die *Augenfarbe* (Färbung der Iris) bleibt nicht während des ganzen Lebens konstant, abgesehen von pathologischen Veränderungen aller Art, die hier nicht behandelt werden können. Die tiefblaue Irisfärbung der meisten europäischen Neugeborenen, die auf einer noch geringen Menge des Pigmentes und der Dünne des Irisstroma beruht, geht allmählich in ein helles Blau oder in ein Grau oder in ein Braun über, je nach der Erbanlage. Außerdem ist die Innenzone der Aureole häufig durch mannigfache Einsprenkelungen von Farbflecken und Farbstreifen in ihrem Grundton stark verändert, so daß eine genaue Feststellung der Augenfarbe zu den schwierigsten Aufgaben der anthropologischen Analyse gehört. Man wird sich daher auf die allgemeine Grundfärbung beschränken müssen, wie sie vor allem in der Randzone zur Geltung kommt, wenn man das gut beleuchtete Auge aus einiger Entfernung betrachtet. Am meisten verwendet man heute die folgende Einteilung: a) schwarzbraun, b) dunkelbraun, c) braun, d) hellbraun, e) grünlich, f) dunkelgrau, g) hellgrau, h) dunkelblau, i) blau, k) hellblau, l) albinotisch. Natürlich gibt es auch hier eine Reihe von Zwischentönen, die durch zwei oder mehr Nummern charakterisiert werden können.

Als Schema für die genaue Charakterisierung der Augenfarbe sei auf die Augenfarbentafel von R. MARTIN hingewiesen.

Die Augenfarbentafel von R. MARTIN besteht aus 16 naturgetreu mit wissenschaftlicher Genauigkeit hergestellten Glasaugen in natürlicher Größe. Die einzelnen Farben, von einem tiefen Braun bis zu einem lichten Blau fortschreitend, sind mit Nummern 1—16 bezeichnet. Da die individuelle Variabilität der Irisfärbung eine ganz außerordentliche ist, so sind nur die erfahrungsgemäß am häufigsten wiederkehrenden Haupttöne in die Tafel aufgenommen worden. Die Augen liegen auf Watte in kreisförmigen Ausschnitten eines Holzrahmens und sind von einer mattierten Aluminiumplatte, in welche die Lidspalten und die Form der umgebenden Weichteile des Auges eingestanzt sind, bedeckt. Die Grundfarbe dieser Platte ist ein indifferenter neutraler Ton, und zwar ein mattes Grau, damit die Tafel bei allen Hautfarben vom dunkelsten Braun bis zum fahlsten Weiß verwendet werden kann.

Die Glasaugen samt der Aluminiumbedeckung sind zum Schutze gegen Staub und Feuchtigkeit in ein schwarzlackiertes Blechkästchen von 18×13×3 cm Größe eingelassen, dessen Deckel vor jeder Untersuchung ganz herausgezogen werden muß. Sollte sich ein Auge beim Transport auf Reisen etwas verschieben, so kann man es mittels der Fingerspitze durch leichten Druck durch den Augen-

[1] Hersteller: Siemens-Reiniger-Veifa, Berlin, Luisenstr. 58/59.

schlitz hindurch wieder an seine Stelle rücken. Will man die Augen herausnehmen, was aber nur im Notfall geschehen sollte, so biegt man einfach die 4 Metallzungen, welche die Aluminiumplatte niederhalten, zurück, worauf man die letztere leicht abheben kann[1].

Zur Feststellung der Augenfarbe stellt man das zu beobachtende Individuum in einer Entfernung von 30—40 cm von sich so auf, daß das volle Tageslicht (nicht direkte Sonne) in dessen auf den Beobachter gerichtete Augen fällt. Dann hält man die Farbentafel je nach der vorliegenden Augenfarbe an die rechte oder linke Wange des Individuum und sucht durch Vergleich die passendste Nummer auf. Hierbei ist hauptsächlich auf den Grundton der Iris zu achten,

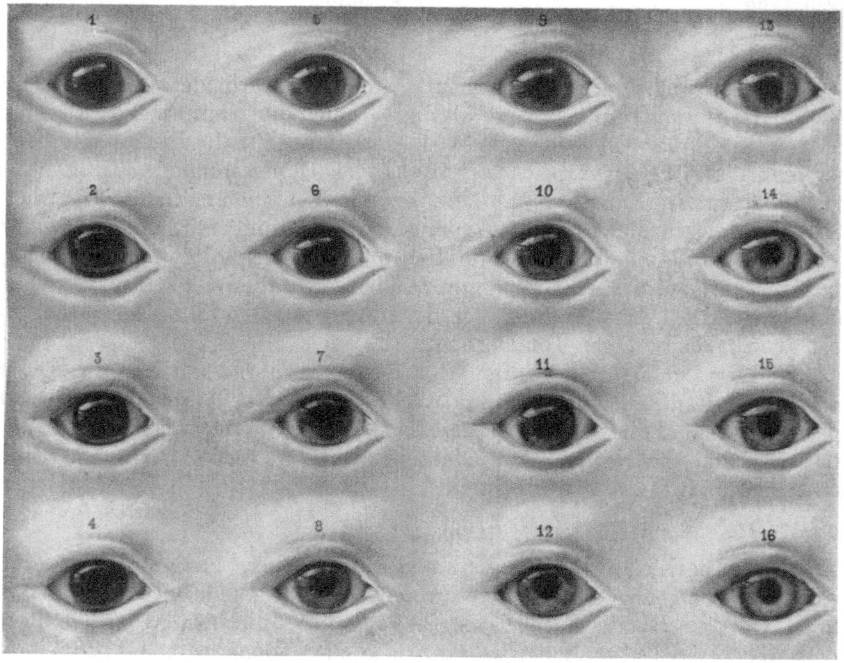

Abb. 14. Augenfarbentafel nach R. MARTIN. Ohne Metallkasten, nur mit der Aluminiumplatte bedeckt. ²/₃ n. Gr.

wie er besonders in der peripheren Zone zum Ausdruck kommt; die kleinen Einsprenkelungen der Aureole berücksichtige man nur insoweit, als sie den Grundton beeinflussen. Durch Bezeichnung von zwei Nummern können auch intermediäre Nuancen angegeben werden. Ferner bezeichnet man, wo es auf noch genauere Untersuchungen ankommt, durch einen Strich oberhalb der Nummer einen etwas dunkleren, durch einen Strich unterhalb, einen etwas helleren Ton. So ergibt sich die Möglichkeit folgender Charakterisierung:

Nr. $\overline{1}$ = dunkler als Nr. 1,
,, 1 = Vorlage,
,, $\underline{1}$ = etwas heller als Nr. 1,
,, 1—$\overline{2}$ = zwischen Nr. 1 und 2,
,, $\overline{2}$ = etwas dunkler als Nr. 2,
,, 2 = Vorlage,
,, $\underline{2}$ = etwas heller als Nr. 2 usw.

[1] Zu beziehen durch Frau Dr. Stefanie Martin-Oppenheim, München O 27, Laplacestraße 24.

Für die Bearbeitung des Materials kann man die Nummern 1—6 als braun, die Nummern 7—12 als meliert und 13—16 als blau zusammenfassen. Wo es sich um feinere Rassenunterschiede handelt, müssen aber kleinere Gruppen, z. B. auch die grauen Augen, für sich betrachtet werden.

6. Haarform.

Als weiteres deskriptives Merkmal sei hier noch die *Haarform* erwähnt. Als Schema bediene man sich der folgenden Einteilung:

a) straff b) schlicht	lissotrich, geradlinig,	g) gekräuselt h) locker kraus i) dicht kraus k) fil-fil l) spiralig	ulotrich, kraushaarig.
c) flachwellig d) weitwellig e) engwellig f) lockig	kymatotrich, wellighaarig,		

Als Ergänzung sei hier noch beigefügt, daß sowohl das straffe wie auch das schlichte Haar zur Gruppe der geradlinig verlaufenden Haare gehören, und daß beide nur in ihrem Querschnitt verschieden sind. Straffe Haare mit großem Querschnitt, wofür als typisches Beispiel das Chinesenhaar genannt werden kann, kommen in Europa fast nicht vor. Ferner zeigen Haare, die wie bei Männern kurzgeschnitten sind, durchaus den geradlinigen Charakter, während sie bei langem Wuchs, also im weiblichen Geschlecht, oft einen flachwelligen Charakter annehmen. Auch das ursprünglich kymatotriche Haar kann durch Behandlung mit Ölen und Pomaden flachwellig werden. Lockiges Haar zählt durchaus zu den welligen Haarformen.

Auch bei der Beurteilung der Haarform kommt es nur auf den Gesamtcharakter und zunächst nur auf das Kopfhaar an. Recht verschieden ist auch die Stärke bzw. Fülle des Kopfhaarkleides, die Art der Haarbegrenzung an der Stirne und die Neigung zur Glatzenbildung an Stirne, auf dem Scheitel, an den Schläfen und am Hinterkopf.

7. Körperbehaarung.

Nicht unbeachtet sollte die *Behaarung* des Körpers bleiben. Hier bestehen allerdings mannigfache individuelle und sexuelle Unterschiede, so daß es schwer hält, davon eine kurze Beschreibung zu geben. Man notiere jedenfalls diejenigen Körperstellen, an denen stärkere sekundäre Behaarung beobachtet wird. Es sind dies, abgesehen von der Bartbildung im männlichen Geschlecht, die vordere Brustwand, die Bauchwand oberhalb des Schamberges, der Rücken längs der Wirbelsäule, der Nacken und die Schulterblattgegend, ferner die Kreuzbeingegend, Unterarm, Oberschenkel und Unterschenkel. Es kann vorkommen, daß einzelne Menschen, selbst Kinder, bei denen der allgemeine Behaarungscharakter sehr schwach ist, doch z. B. am Unterarm und in der Ellenbogengegend, am Unterschenkel und am Nacken ein ganz deutliches Haarkleid zeigen. Manchmal ist nur eine dieser Regionen, gelegentlich sind mehrere derselben behaart. In allen solchen Fällen lohnt es sich, auch auf den Haarstrich (die Haarströme) zu achten, weil sich darin interessante Reminiszenzen an frühere Entwicklungsstadien erhalten haben. Fälle von wirklicher totaler Hypertrichosis lanuginosa müssen natürlich auch notiert werden.

8. Hautleistenrelief.

Aufmerksam machen möchte ich noch auf die Wichtigkeit des *Hautleistenreliefs von Palma und Planta*, vor allem auf die Bedeutung der Hautleistenfiguren an den Fingerbeeren, denen ja von gerichtlich-medizinischer Seite großer Wert beigelegt wird. Es hat sich herausgestellt, daß die feineren Reliefverhältnisse der Haut, die sog. Tastfiguren an den Fingerbeeren während der Dauer des ganzen Lebens eines Individuum konstant bleiben und daher leicht zur Identifizierung der Person benutzt werden können.

Diese Hautleistenfiguren an den Fingerspitzenballen sind infolge der Zahl und Anordnung der einzelnen Leisten ziemlich kompliziert, aber es lassen sich im ganzen doch leicht 4 Haupttypen unterscheiden, die in Abb. 15 nach Originalabdrücken wiedergegeben sind.

Zur Herstellung solcher Abdrücke verwendet man mit Erfolg eine polierte Kupferplatte oder einen Lithographenstein, den man mittels einer kleinen Walze oder Reibrolle (Satinierrolle) der Photographen mit einer gleichmäßig dünnen Schicht von Druckerschwärze oder Farbe überzieht. Auf diese setzt man dann die Fingerflächen (evtl. auch die Fußsohle) mit leichtem Druck auf und drückt die aufgenommene Farbe auf einen weißen Karton ab. Handelt es sich nur um die Abdrücke der Fingerbeeren, d. h. der letzten Fingerglieder, so drückt man einen Finger nach dem anderen ab, indem man sie sowohl auf dem Farbstein als auf dem weißen Karton oder Papier von einer Seite nach der anderen abrollt. Will man auch einen Abdruck der Hohlhand und der Konkavität der Sohle erhalten, so betupft man die vertieft liegenden Stellen vorher etwas mit Farbe und legt

Abb. 15. Leistenfiguren der Fingerspitzenballen von Europäern, a) Bogen (Arcus), b) daumenwärts gerichtete Schleife (Sinus radialis), c) kleinfingerwärts gerichtete Schleife (Sinus ulnaris), d) Wirbel (Vortex).

unter die Mitte des Abdruckpapiers eine kleine Unterlage aus Watte, die jenen Konkavitäten entspricht. Wichtig ist es auch, die Hand nach der ulnaren Seite hin abzurollen, um auch einen Abdruck des Kleinfingerballens zu erhalten. Die durch die Farbe beschmutzten Hautstellen lassen sich nachher leicht mit Terpentin oder Sandseife reinigen.

Um das Beschmutzen der Hände mit Druckerschwärze zu umgehen, hat E. Fischer (Anthrop. Anz. 1928, Jhg. 5, H. 1, S. 49) ein neues Verfahren der Daktyloskopie beschrieben, wodurch ein Lanolin-Abdruck der Finger oder ganzen Handfläche auf beliebiges nichtsaugendes Papier fest aufgedrückt und mittels Eosin das Papier rotgefärbt wird, während die lanolingefetteten Fingerlinienmuster ungefärbt bleiben. Das Verfahren, das verhältnismäßig einfach und wenig kostspielig ist, gibt alle Einzelheiten des Hautreliefs wieder[1].

9. Umriß und Abguß.

Bei gewissen Berufsarten, um den funktionellen Einfluß des Berufes auf die Endglieder der Extremitäten festzustellen, pflegt man auch Umrißzeichnungen der Hand und des Fußes herzustellen. Legt oder stellt man diese Teile flach auf ein untergelegtes Papier, so kann man sie mit einem genau zur Unterfläche senkrecht gehaltenen, der Länge nach halbierten Bleistifte rings herum umfahren und erhält auf diese Weise ein leidlich gutes Umrißbild. Will man

---

[1] E. Fischers Daktyloskopisches Besteck ist durch die Firma Ärztlich-technische Industrie (Ing. Arthur Urbach) Berlin-Weißensee, Friedrichstr. 31 erhältlich.

an dem Handumriß die Fingerlängen messen, so müssen die Finger beim Zeichnen aneinandergeschlossen sein und die Achse des Mittelfingers mit einer vorher aufgezeichneten Geraden zur Deckung gebracht werden. Man erhält auf diese Weise also Umrißzeichnungen in geometrischer Projektion, an denen, wie schon erwähnt, auch nachträglich noch Messungen vorgenommen werden können.

Ebensogut, unter Umständen sogar noch besser, zu Meßzwecken geeignet sind Abgüsse der Hände oder anderer Körperteile sowie des ganzen Körpers, die ja auch zum Studium des gesamten Hautreliefs eher verwertbar sind als die Photographie oder das Abdruckverfahren. Es ist daher am besten überall da anzuwenden, wo genügend Zeit und eine Hilfskraft zur Verfügung stehen. Neben den bisher beschriebenen Abgußverfahren (vgl. dazu auch Lehrb. d. Anthrop. 1928, S. 56ff.) sei hier auf die bisher rascheste Abgußtechnik verwiesen, die auch noch den Vorteil hat, die Objekte am lebenswahrsten wiederzugeben. Die Methode wurde erfunden und ausgearbeitet von POLLER[1], der mit seinen verschiedenen Abgußmassen: Negokoll, Hominit und Celerit, außerordentlich gute Resultate erzielt[2]. Die Fabrik liefert auch eine kleine Zusammenstellung aller benötigten Instrumente und Abdruckmassen zu mäßigem Preis für den, der sich zunächst darüber orientieren und Versuche an kleineren Objekten machen will[3].

VI. Das Beobachtungsblatt.

Um die oben angegebenen metrischen und deskriptiven Merkmale eines Individuum eintragen zu können, muß man sich eines sog. Beobachtungsblattes bedienen, auf dessen Ausgestaltung die größte Sorgfalt zu verwenden ist. Ich widerrate nach vielfachen Erfahrungen die Verwendung von Listen, in welche die Maße von vielen Individuen eingetragen werden, und empfehle angelegentlichst die Anlage von Individualkarten (Zählkarten), weil nur diese eine vielseitige statistische Verarbeitung zulassen, ohne daß die Zahlen wieder abgeschrieben werden müssen.

Zu diesem Zwecke ist es aber notwendig, die deskriptiven Merkmale und die Maße getrennt voneinander zu behandeln. Die letzteren sind derart auf die Blätter aufzuschreiben, daß sie sich leicht zu Listen zusammenlegen lassen. Bei allen von mir entworfenen Beobachtungsblättern werden die Maßzahlen in rechteckige kleine Felder an die Ober- und Unterränder des Blattes geschrieben. Zur statistischen Verarbeitung werden dann alle, oder eine bestimmte Anzahl individueller Beobachtungsblätter derartig dachziegelförmig übereinandergelegt, daß nur die zu verarbeitende Zahlenreihe frei bleibt, und es kommen infolgedessen die gleichen Maße sämtlicher Individuen in Vertikalkolonnen zu stehen. Sie sind auf diese Weise sehr übersichtlich angeordnet und können leicht statistisch verarbeitet werden. Wo es sich um zahlreiche Messungen handelt, sind, um die Beobachtungsblätter nicht zu groß zu machen, die Zahlenwerte außer am Ober- und Unterrand auch in zwei horizontalen Reihen in der Mitte des Blattes angebracht, das dann zur Verarbeitung bloß in der Mitte zwischen den beiden Zahlenreihen nach rückwärts umgeknickt werden muß.

[1] POLLER, A., o. J.: Kurze Anleitung zum Abformen am lebenden und toten Menschen sowie an leblosen Gegenständen. Druck und Verlag „Apotela“, Chemisch-technisches Laboratorium, Wien XVIII, Währingerstr. 115.

[2] Vgl. auch SCHULTZ, B. K., 1927: Ein neues Abformverfahren im Dienste der Anthropologie, Ethnologie und Prähistorie, und Ausblicke auf neue Arbeitsmethoden in der Anthropologie. Tagesber. D. Anthrop. Ges. u. Sitz.-Ber. Anthrop. Ges. Wien, Jhg. 1926/27, S. (32) bis (36).

[3] Neuerdings auch Apotela A.-G., Chemisch-technisches Laboratorium, Zürich 6 (Schweiz), Ottikerstr. 24.

Daß jedes Beobachtungsblatt den genauen Namen (Vor- und Zunamen) des betreffenden Individuum, Geburtsort, Wohnort, Geburtstag, Alter, soziale Stellung, ferner Tag der Beobachtung und Namen des Beobachters enthalten muß, versteht sich wohl von selbst. Verschiedene Arten solcher Beobachtungsblätter sind vorrätig gedruckt vorhanden und können käuflich erworben werden. Ich nenne von eigenen Beobachtungsblättern die folgenden:

1. Das somatologische Beobachtungsblatt. Ausgegeben mit dem Lehrbuch der Anthropologie, 1914, 1. Aufl. Jena.

2. Das somatologische Beobachtungsblatt für Konstitutions- und Typenforschung. Neue Ausgabe 1925.

3. Das Beobachtungsblatt für klinisch-psychiatrische Typenforschung. Ausgegeben 1922.

4. Das Beobachtungsblatt für Leibesübungen und Ernährungsfürsorge. Herausgegeben vom gemeinsamen Ausschuß der Universität und Technischen Hochschule für Leibesübungen, Amt für Leibesübungen an den Münchener Hochschulen und Verein Studentenhaus (besonders für ärztlich-anthropometrische Erhebungen bei Studierenden)[1].

5. Das Beobachtungsblatt für Schulerhebungen. In verkleinertem Maßstab abgedruckt in den von mir herausgegebenen „Richtlinien für Körpermessungen und deren statistische Verarbeitung mit besonderer Berücksichtigung von Schülermessungen.“ 1924, München, S. 12/13.

In der Anlage mit meinen Beobachtungsblättern übereinstimmend, wenn auch für spezielle Zwecke bestimmt, sind u. a. noch folgende Zählkarten:

1. Familienanthropologisches Beobachtungsblatt; beigegeben der „Familienkunde“ von W. Scheidt. 1923, München.

2. Sportärztliches Untersuchungsblatt der Deutschen Hochschule für Leibesübungen Berlin.

3. Beobachtungsblatt für sportärztliche Untersuchungen und Körpermessungen an der Technischen Hochschule Darmstadt.

4. Fragebogen des Institutes für Leibesübungen der Universität Marburg.

5. Sportärztliches Untersuchungs- und Prüfungsblatt unter Leitung des Institutes für Physikalische Therapie des Anthropologischen Institutes und der Medizinischen Poliklinik der Universität Zürich.

6. Beobachtungsblatt zur anthropologischen Untersuchung des Ober-Emmentales (unter Leitung von Prof. Dr. O. Schlaginhaufen, Zürich).

Sehr handlich, und dabei Wichtiges auf kleinen Raum zusammengedrängt, ist

7. Das Beobachtungsblatt des Anthropologischen Institut München, Ausgabe 1928.

VII. Veranschaulichung der Resultate.

Die Aufgabe der Anthropometrie samt den sie ergänzenden Beschreibungen besteht, wie schon erwähnt, darin, die Charakteristik des Körpers in seiner Totalität zu erfassen. Der Weg, der zu diesem Ziele führt, ist zunächst die Analyse der Einzelformen, die nach bestimmter Technik und möglichst genau zu erfolgen hat. Aber wir dürfen dabei nicht stehenbleiben. Auf die Analyse hat die Synthese zu folgen, die nicht in einer einfachen Summation der einzelnen Maßverhältnisse, sondern in einer Erkenntnis der gegenseitigen Korrelationen besteht. Dies kann nur auf rechnerischem Wege geschehen. Zur Veranschaulichung des Gesamtresultates gibt es 3 Methoden, die in ihrer heutigen Ausbildung kurz beschrieben werden sollen. Es sind:

[1] Wird seit 3 Jahren an den Münchner Hochschulen nicht mehr verwendet, weil die anthropometrischen Erhebungen eingestellt worden sind.

1. die zeichnerische oder besser photographische Reproduktion des Körpers in drei rechtwinklig aufeinanderstehenden Normen oder Ansichten, die eine plastische Vorstellung des Körpers ermöglicht;

2. die Konstruktion von Proportionsfiguren;

3. die Aufstellung von graphischen Abweichungstabellen.

Die photographische Aufnahme eines Individuum hat natürlich ganz bestimmte Bedingungen zu erfüllen, wenn sie wissenschaftlich brauchbare und vergleichbare Bilder liefern soll. Leider entsprechen nur wenige in sonst wertvollen Werken reproduzierte Photographien diesen Anforderungen. Nur Objektive mit großer Tiefenschärfe, großer Brennweite und großem Bildwinkel, die infolgedessen keine Randverzeichnungen geben, sind für solche wissenschaftliche Aufnahmen verwendbar. Gut geeignet ist z. B. ein Doppelanastigmat Zeiss Tessar F = 30 cm, Lichtstärke 1 : 4,5. Als Aufnahmeapparat eignet sich jede stabile Kamera mit doppeltem Auszug und Höhenregulierung.

Abb. 16. Photographische Kamera von hinten mit einem Rahmen, der eine dreiteilige Aufnahme gestattet. $^{1}/_{18}$ n. Gr.

Alle Aufnahmen müssen in gleicher Verkleinerung gemacht werden. Eine Plattengröße 13 : 18 erlaubt 3 Aufnahmen der ganzen Figur nebeneinander auf einer Platte in $^{1}/_{18}$ natürlicher Größe (vgl. Abb. 17).

Als Aufnahmen der ganzen Figur kommen Vorder-, Seiten- und Rückenaufnahme, die genau rechtwinklig zueinander stehen müssen in Betracht. Immer muß in der Einstellungsebene ein Maßstab mitphotographiert werden, um auch an dem photographischen Abzug noch Messungen ausführen zu können. Für die Brustaufnahme empfiehlt sich neben der üblichen Vorder- und Seitenansicht noch eine Eindrittelseitenansicht, denn die letztere enthüllt wichtige Eigentümlichkeiten der Gesichtsbildung, die weder Vorder- noch Seitenansicht geben können. Am besten erreicht man die genaue Orientierung der einzelnen Aufnahmen mit Hilfe einer Drehscheibe, auf der kreuzweise zwei sich rechtwinklig schneidende Striche mit Ölfarbe angebracht sind, und auf der das Individuum für sämtliche drei Aufnahmen in der gleichen Stellung verharrt, wobei der Kopf stets in der Ohr-Augenebene eingestellt bleiben muß.

Als erste Aufnahme empfiehlt sich die Rückenansicht. Der Aufzunehmende wird mit dem Gesicht gegen einen einheitlich grauen Hintergrund bzw. mit dem Rücken gegen die Kamera derart auf die Drehscheibe gestellt, daß der eine sagittal gerichtete Strich genau in der Mitte zwischen den Füßen des Individuum hindurchläuft, also in der Medianebene liegt. Der andere rechtwinklig dazu gerichtete Strich soll genau die Mitte der Fußachsen schneiden. Die letzteren sollen parallel gerichtet sein oder leicht nach vorn divergieren je nach der individuell so verschiedenen gewohnheitsmäßigen Stellung der unteren Extremität.

Ist die Rückenaufnahme gemacht, so wird ein Messinghalter, der die Drehscheibe fixiert, gelöst, diese letztere um 90° gedreht und der Hebel von neuem in eine entsprechende Vertiefung gelegt, um die Drehscheibe in dieser Lage festzuhalten. Das Individuum bleibt während der Drehung ruhig auf der Scheibe stehen. Hierauf wird die Seitenaufnahme gemacht. Eine dritte Aufnahme, die

die Vorderansicht der Person wiedergibt, wird durch eine weitere Drehung der Scheibe um 90° erreicht. Jetzt sieht der Aufzunehmende direkt in die Kamera.

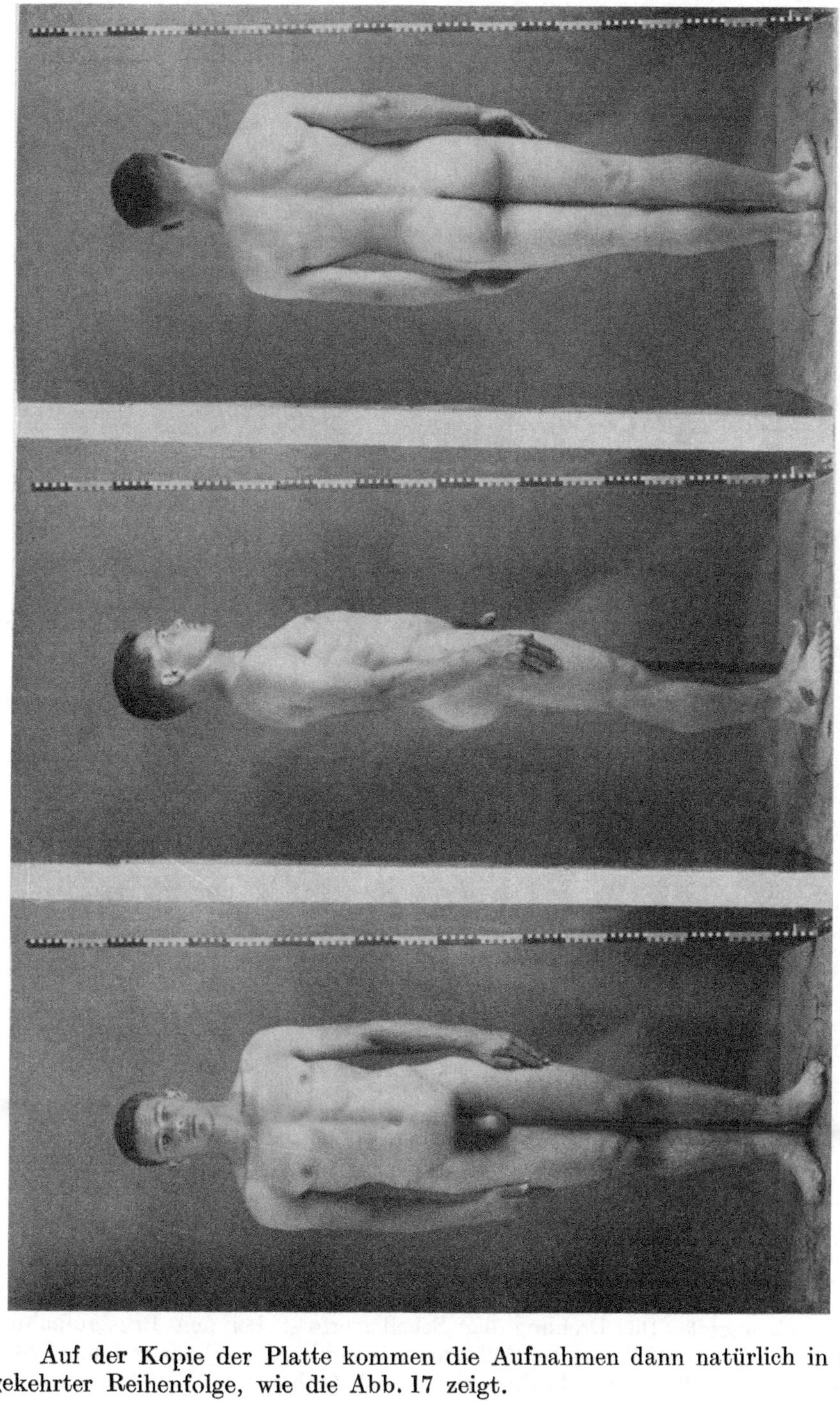

Abb. 17. Dreiteilige Aufnahme eines jungen Mannes in Vorder-, Seiten- und Rückenansicht. $^{1}/_{18}$ n. Gr.

Auf der Kopie der Platte kommen die Aufnahmen dann natürlich in umgekehrter Reihenfolge, wie die Abb. 17 zeigt.

Für Brustaufnahmen wird in derselben Weise verfahren, nur werden vorher in 4 kleinen Vertiefungen der Drehscheibe die 4 Füße eines Stuhles mit Rück-

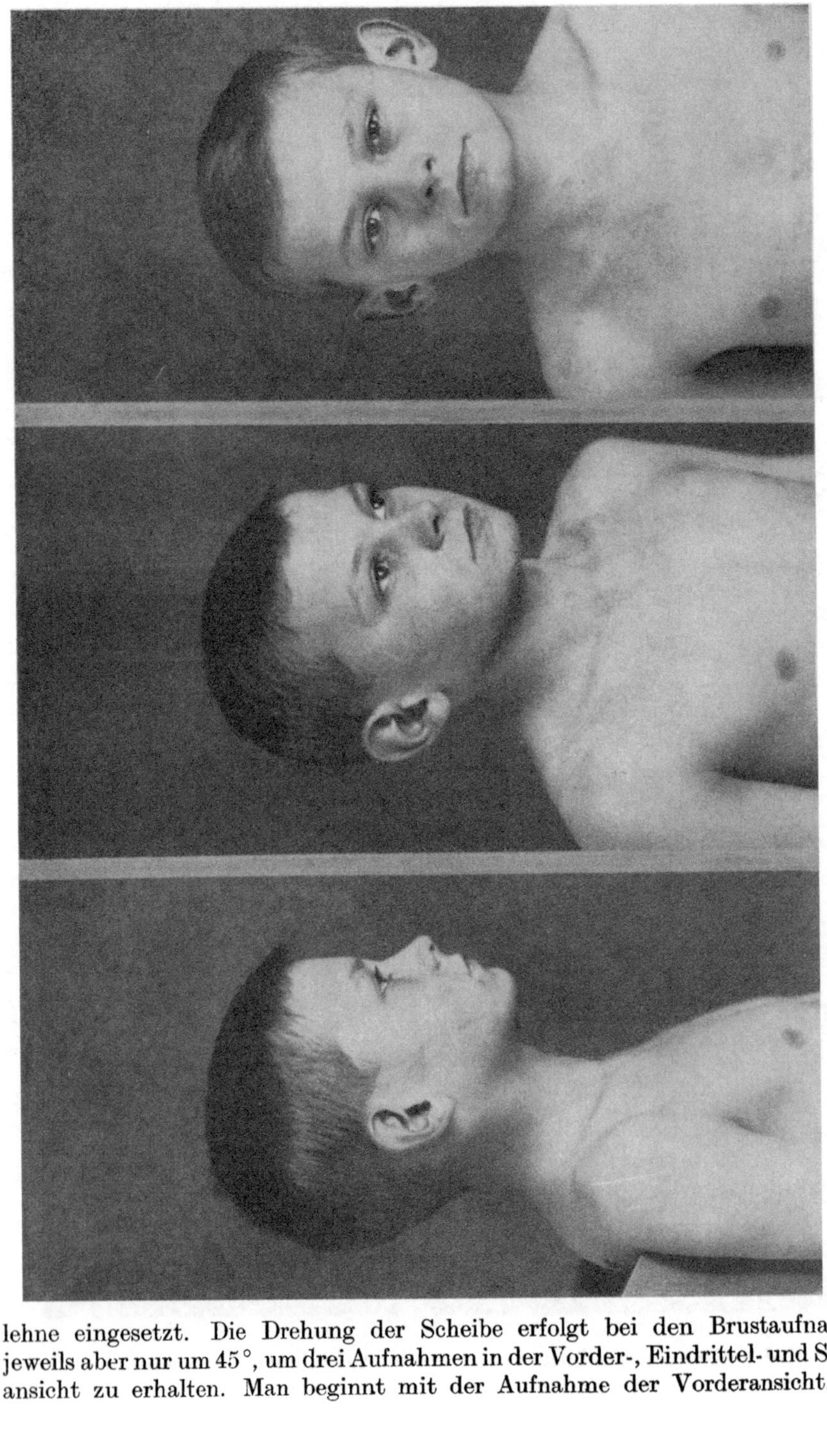

Abb. 18. Dreiteilige Brustaufnahme eines Knaben in Seiten-, Eindrittel- und Vorderansicht. $^1/_5$ n. Gr

lehne eingesetzt. Die Drehung der Scheibe erfolgt bei den Brustaufnahmen jeweils aber nur um 45°, um drei Aufnahmen in der Vorder-, Eindrittel- und Seitenansicht zu erhalten. Man beginnt mit der Aufnahme der Vorderansicht. Die entsprechenden Vertiefungen, in die der kleine Metallhebel eingelassen werden muß, um die Scheibe jeweils in der verlangten Stellung zu fixieren, sind am Rande der Scheibe angebracht. Zur richtigen Haltung des Kopfes muß an der Rücklehne des Stuhles eine beliebig verstellbare Kopfstütze vorhanden sein.

Um jederzeit Aufnahmen machen zu können, ist künstliche Beleuchtung vorzuziehen. Ich bediene mich dazu einer 2000kerzigen Jupiterbogenlampe des Photo- und Kinospezialhauses Frankfurt a. M., die auf der einen Seite des Aufzunehmenden hinter einem Zerstreuungsschirm, der die Beleuchtung möglichst plastisch gestalten soll, aufgestellt ist. Man kann sich aber auch der Quarzlichtlampe (Simplizissimuslampe Modell I für 6 Amp. von H. TRAUT in München) bedienen, doch reicht dieselbe nur für Brustaufnahmen aus. Den Hintergrund bildet eine Wand mit grauem Papier oder grauer Leinwand überzogen. Auf

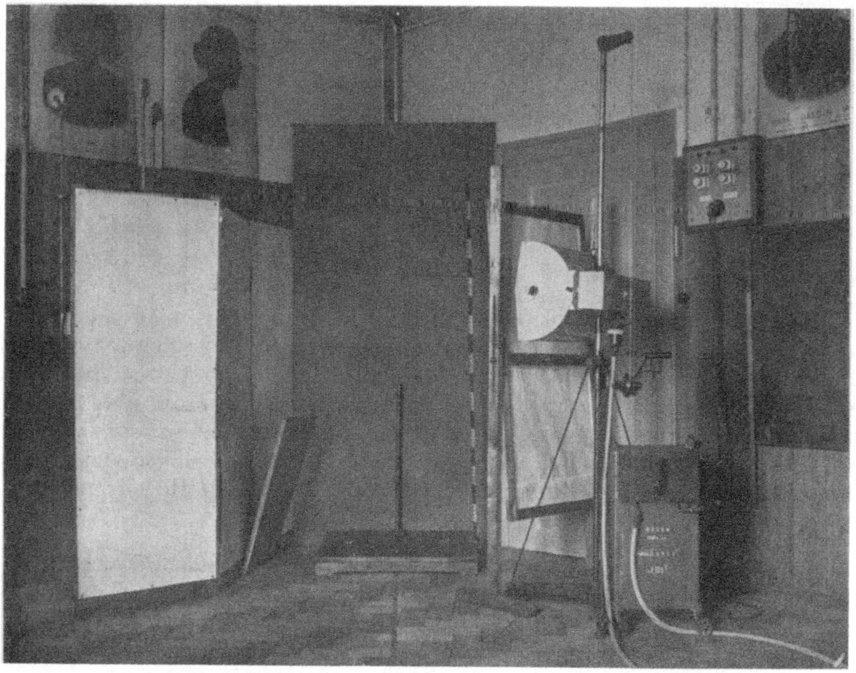

Abb. 19. Photographische Einrichtung zur Herstellung wissenschaftlicher Körperaufnahmen.

der der Lampe entgegengesetzten Seite steht ein weißer Wandschirm, der als Reflektor dient, und an dem sich noch ein besonderer kleinerer Schirm in einem Winkel von weniger als 90° gegen den Fußboden geneigt befestigt findet, um die Füße des Aufzunehmenden noch besonders aufzuhellen (vgl. Abb. 19).

Die zweite Art, sich die Proportionen eines Menschen anschaulich zu machen, ist die Konstruktion einer Proportionsfigur. Sie kann sowohl auf Grund individueller Maße zur Darstellung eines individuellen Körpertypus als auch, wo es sich um Vergleiche mit Gruppen handelt, auf Grund von errechneten arithmetischen Mitteln erfolgen. Allerdings sind die absoluten Werte dazu nicht verwendbar, wenn Mensch mit Mensch bzw. Mensch mit Gruppe verglichen werden soll. Zu diesem Zwecke sind die einzelnen zur Konstruktion der Figuren notwendigen Maße zunächst in Prozenten der Körpergröße auszurechnen, was oben S. 20 angegeben wurde. Die Berechnung muß für die in der folgenden Liste erwähnten Maße vorgenommen werden.

Ich verweise außerdem zur Erklärung auf die Abb. 20 und 21, in welchen die beiden gleichen Männer sowohl in photographischer Vorderansicht als auch als Proportionsfiguren dargestellt sind.

Maß	I		II	
	cm	%	cm	%
1. Körpergröße	165,2	100	168,0	100
2. Stammlänge	86,0	52,1	88,0	52,0
3. Ganze Kopfhöhe	22,7	13,7	22,1	13,3
4. Höhe des Akromion ü. d. B.	133,2	80,7	134,3	80,0
5. Schulterbreite	37,8	22,9	41,5	25,0
6. Höhe der Ellenbogengelenkfuge ü. d. B.	103,2	62,5	102,4	61,0
7. Oberarmlänge	30,0	18,2	31,9	19,0
8. Höhe des Griffelfortsatzes ü. d. B.	79,7	48,3	76,0	45,0
9. Unterarmlänge	23,5	14,2	26,4	15,7
10. Höhe der Mittelfingerspitze ü. d. B.	61,7	37,4	58,1	35,0
11. Handlänge	18,0	10,9	17,9	10,3
12. Höhe der Symphyse ü. d. B.	85,2	51,6	86,2	51,0
13. Beckenbreite	26,7	16,2	34,0	20,2
14. Höhe des vorderen Darmbeinstachels ü. d. B.	91,9	55,1	93,3	55,5
15. Oberschenkellänge	43,0	26,1	45,6	27,1
16. Höhe der Kniegelenkfuge ü. d. B.	45,9	27,8	43,7	26,0
17. Unterschenkellänge	37,9	23,0	38,4	22,8
18. Höhe der inneren Knöchelspitze ü. d. B.	8,0	4,8	5,3	3,2
19. Rumpflänge	50,0	30,3	50,0	30,0
20. Armlänge	71,5	43,3	76,8	45,0
21. Beinlänge	88,9	53,9	89,3	53,0

Zur Zeichnung einer solchen Proportionsfigur verfährt man am besten in der Weise, daß man zuerst auf Millimeterpapier einen Fußstrich anbringt. Zur Erleichterung des Abstechens der Maße wählt man am besten die Körpergröße = 100 mm oder ein Vielfaches dieser Zahl. Der 100 mm über dem Fußstrich in einer Vertikalen des Millimeterpapiers zuerst eingezeichnete Punkt entspricht also dem Scheitel. Hierauf trägt man vom Scheitelpunkt aus die Stammlänge ab, dann die übrigen Maße in der folgenden Reihenfolge:

Ganze Kopfhöhe.
Höhe des Akromion.
Schulterbreite (die je zur Hälfte rechts und links von der Stammlänge in der Höhe des Akromion abgetragen wird).
Höhe der Ellenbogengelenkfuge (oder die Oberarmlänge), in einer von den Endpunkten der Schulterbreite nach abwärts gezogenen Senkrechten abzutragen.
Höhe des Griffelfortsatzes (oder die Unterarmlänge).
Höhe der Mittelfingerspitze (oder die Handlänge).
Höhe der Symphyse.
Beckenbreite (die je zur Hälfte rechts und links von der Symphyse abgetragen wird).
Höhe des vorderen oberen Darmbeinstachels, an einer in den Endpunkten der Beckenbreite errichteten Senkrechten abzutragen.
Höhe der Kniegelenkfuge (oder die Oberschenkellänge).
Höhe der inneren Knöchelspitze (oder die Unterschenkellänge).

An die Seiten der abgestochenen Punkte werden die errechneten Zahlen geschrieben.

Ferner kann man an der linken Seite der Abbildung (vgl. Abb. 21) die ganze Armlänge, die ganze Beinlänge und die Rumpflänge aufschreiben, um alle wichtigen Proportionsmaße direkt an der Proportionsfigur ablesen zu können.

Natürlich sind bei der gewählten Verkleinerung (Körpergröße = 100 mm) die absoluten Unterschiede zwischen 2 Körperbautypen gering, aber trotzdem entsprechend zu werten. Die Massenentwicklung des Körpers kommt allerdings in den Proportionsfiguren nicht zum Ausdruck, da fast alle Maße an Knochenpunkten angreifen.

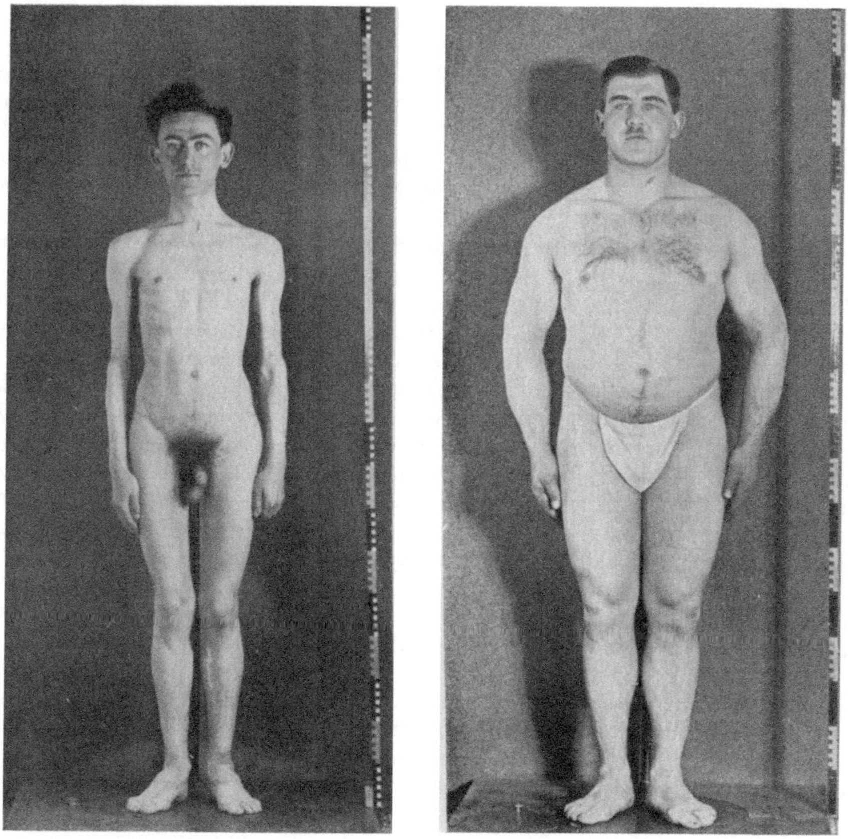

I II

Abb. 20. Junger Mann (I) und Schwerathlet (II) in Vorderansicht. $^{1}/_{18}$ n. Gr.

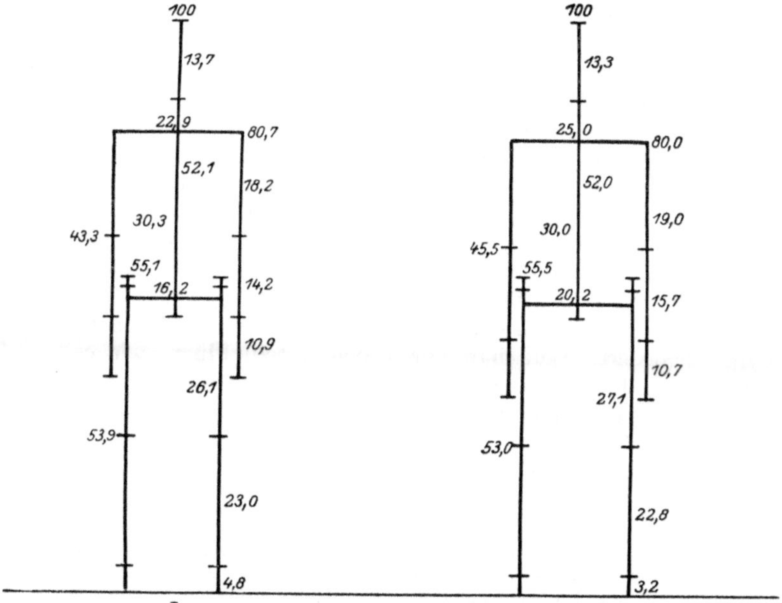

I II

Abb. 21. Junger Mann (I) und Schwerathlet (II), Proportionsfiguren. Die Körpergröße ist bei beiden Figuren = 100 gesetzt.

Am leichtesten aber wird die spezifische körperliche Ausbildungsform eines Menschen erkannt, wenn man ihn mit dem Durchschnitt der Gruppe vergleicht, der er zuzurechnen ist (s. S. 49, Abb. 22). Man hüte sich aber davor, die arithmetischen Mittelwerte der Gruppe als „Normal"-Werte zu betrachten. Sie sind nichts weiter als ein Maßstab, an dem die Abweichungen der Individuen gemessen werden können. Allgemeingültige Normalzahlen gibt es nicht.

Aber diese Durchschnittswerte im Zusammenhang mit der festgestellten physiologischen Variabilität der einzelnen Maße und deren prozentualer Verteilung auf die einzelnen Maßgrößen ersetzen die subjektive und je nach der Erfahrung notwendigerweise beschränkte Beobachtung des einzelnen und geben einen objektiven Maßstab für die Beurteilung der Körperentwicklung des Menschen. Als geeignetste Methode dafür empfehle ich die sog. *Abweichungstabelle*, die in graphischer Form einen außerordentlich bequemen Überblick über die spezifischen Körperverhältnisse eines Menschen gibt. Ich habe die Methode zur Anlage einer solchen Tabelle in meinen „Richtlinien für Körpermessungen und deren statistische Verarbeitung mit besonderer Berücksichtigung von Schülermessungen", 1924, München, S. 56ff., genau beschrieben. Eine solche Abweichungstabelle kann sich auf beliebig viele Merkmale erstrecken. In dem hier gewählten Beispiel (Abb. 22), die die beiden in Abb. 20 reproduzierten Individuen in ihren Abweichungen von einem gemeinsamen Durchschnitt (arithmetisches Mittel) zur Darstellung bringt, sind nur 10 Merkmale gewählt, und zwar 8 absolute und 2 relative.

Man muß für jedes dieser Merkmale zunächst die mittlere oder stetige Abweichung berechnen. Sie ist das Maß der Variabilität, und zwar die Quadratwurzel aus dem Durchschnittsquadrat der Abweichungen vom Mittelwert. Die Berechnung der mittleren Abweichung auf Grund einer Häufigkeitsreihe ist relativ einfach. Die Formel lautet:

$$\sigma = \pm\sqrt{\frac{\sum p\,\varepsilon^2}{n}},$$

wobei $\sum$ das Additionszeichen ist,
p die Häufigkeit einer Klassengröße,
ε die Abweichung einer Klassengröße vom arithmetischen Mittel,
ε^2 die zweite Potenz von ε und
n die Gesamtzahl der beobachteten Varianten oder Einzelfälle bedeuten.

Man ordnet nun alle Merkmale, die man zum Vergleich beiziehen will, Horizontalen zu, die in gleichen Abständen voneinander gezogen sind (vgl. Abb. 22). Die diese Horizontalen in der Mitte schneidende Senkrechte repräsentiert den Durchschnitt, als T bezeichnet. Von diesem aus trägt man nach rechts und links zur Festsetzung der weiteren Grenzen je 1 bzw. 2 bzw. 3 σ des betreffenden Maßes ab und erhält so 5 Gruppen, die als $-B$, $-A$, T, $+A$, $+B$ bezeichnet werden[1]. Die Grenzen dieser Gruppen werden durch Parallele zu der Mittellinie markiert. Will man nur 1 oder 2 Individuen, wie es auf Abb. 21 geschehen ist, mit dem Durchschnitt vergleichen, so punktiert man die für dieselben gefundenen Zahlen auf den Horizontalen der betreffenden Maße ab, verbindet diese Punkte durch gerade Linien und erhält auf diese Weise eine Zickzacklinie (es handelt sich nicht um eine eigentliche Kurve), die in einfacher und klarer Weise nicht nur die Abweichungen als solche, sondern auch die

[1] Seit der ersten Auflage dieser Anleitungen sind neben anderen zwei Arbeiten erschienen, die sich eingehend mit den Fragen der Berechnung bzw. deren Anwendung befassen: Huth, A.: 1925, Korrelationstafel. Manns pädagog. Magazin, Langensalza, Heft 1005, 79 S. und Rodenwaldt, E.: 1927, Die Mestizen auf Kisar. Jena, Bd. 1, 483 S., besonders S. 105ff.

Maß	Arithmetisches Mittel	Individualwerte I	Individualwerte II
Körpergewicht in kg	64,5	43,3	85,6
Körpergröße in cm	169,1	165,2	168,0
Brustumfang in cm	93,7	79,0	108,4
Schulterbreite in cm	38,9	37,8	41,5
Beckenbreite in cm	28,9	26,7	34,0
Stammlänge in cm	88,0	86,0	88,0
Armlänge in cm	75,2	71,5	76,2
Beinlänge in cm	91,0	88,9	89,3
Armlänge relativ %	44,5	43,3	45,0
Beinlänge relativ %	53,8	53,9	53,0

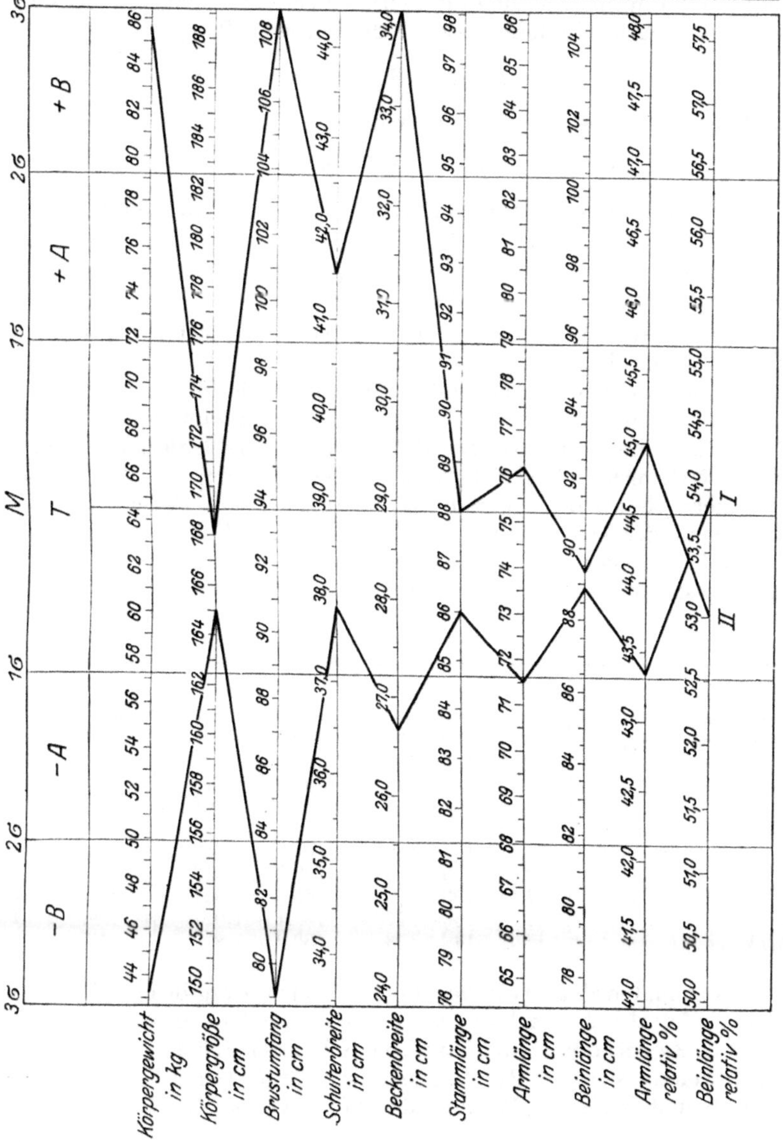

Abb. 22. Abweichungstabelle. I = Abb. 20, Nr. I; II = Abb. 20, Nr. II.

relative Größe dieser Abweichungen angibt. Bewegt sich die Zickzacklinie innerhalb der Grenzen des T-Spielraumes, so entspricht das Individuum dem Durchschnitt. Je mehr die Zickzacklinie aber in die außerhalb T liegenden Gruppen ($-A$, $-B$, $+A$, $+B$) übergreift, um so mehr handelt es sich um Abweichungen von den typischen Körperbauverhältnissen der zum Vergleich beigezogenen Gruppe. Die beiden dargestellten Zickzacklinien der Individuen I und II geben zwei gute Beispiele für solche Abweichungen.

Eine weitere Möglichkeit, die Wertigkeit zweier Merkmale verschiedener oder ähnlicher Individuen oder Gruppen zu untersuchen, kann durch den von Bodmer-Giger[1] errechneten Qualifikationsquotienten erreicht werden. Zunächst stellt man fest, ob die Differenz zweier Merkmale reell ist:

$$M_{\text{Diff}} = M_1 - M_2 .$$

Der mittlere Fehler dieser Differenz ist dann:

$$m_{\text{Diff}} = \pm m_1^2 + m_2^2 .$$

Danach prüft man, ob die Bedingung des Qualifikationsquotienten (Qq) erfüllt ist. Sie ist es, wenn

$$\frac{M_{\text{Diff}}}{m_{\text{Diff}}} = > 3$$

ist. (Vgl. hierzu auch Lang, A., 1914, Experimentelle Vererbungslehre in der Zoologie seit 1900. Jena, S. 311.)

Daraus ist zu erkennen, daß mit steigender Größe für Qq die Qualität des betreffenden Merkmals als Unterscheidungsmerkmal zunimmt (Bodmer-Giger, 1924, S. 14, und Rodenwaldt, E., 1927, S. 105). Die Differenz zweier Merkmale gilt also demnach als gesichert, wenn die Differenz der Mittelwerte dreimal oder mehr als dreimal so groß ist wie der mittlere Fehler der Differenz.

Auf Grund der aus obiger Formel gewonnenen Zahlen kann die Wahrscheinlichkeit nach der von Johannsen (1913, S. 74) gegebenen Tabelle für jeden Fall bestimmt werden (Rodenwaldt).

Beispiel (aus: Rodenwaldt, 1927, S. 124):

Körpergröße	Männer				
	n	V	$M \pm m$	σ	v
Kisaresen (ohne Stam) . .	39	150—179	162,3 ± 1,028	6,43	3,96
Marna	12	150—173	158,8 ± 1,775	6,14	3,87
Boer	27	153—179	164,0 ± 1,112	5,77	3,52
Stam	8	155—165	158,8 ± 1,381	3,73	2,35
Mestizen (zusammen). . .	79	146—180	164,9 ± 0,659	5,86	3,55
Gruppe I	10	163—177	169,0 ± 1,272	4,02	2,38
Gruppe II	34	153—180	165,6 ± 1,024	5,97	3,61
Gruppe III	21	153—177	164,1 ± 1,021	4,68	2,85
Gruppe IV	14	146—173	162,9 ± 1,805	6,75	4,14

Der Größenunterschied zwischen Boer und Marna ergibt eine Differenz von 5,2 ± 2,1; sie ist also 2,48mal so groß und entspricht einer Wahrscheinlichkeit von 98,5 : 1,5. Zwischen Boer und Stam ist die Wahrscheinlichkeit annähernd 100; denn die Differenz ist genau 3mal so groß wie ihr mittlerer Fehler: 5,2 ± 1,72. Bei Mestizen und Kisaresen beträgt die Differenz des Mittelwertes und deren

[1] Bodmer-Giger, H., 1924: Äußere Unterscheidungsmerkmale, insbesondere solche des Haarkleides der schweizerischen Feld- und Alpenhasen (Lepus europaeus Pall. und Lepus varronis Millen). Zschr. indukt. Abstammgl. Bd. 35, S. 1—105.

mittlerer Fehler 2,6 ± 1,2; die Differenz ist also 2,17mal größer, die Wahrscheinlichkeit des Vorhandenseins eines charakteristischen Unterschiedes beträgt also hier 97 : 3. Diese Wahrscheinlichkeit wird zur Sicherheit bei den einzelnen Gruppen der Mestizen: Gruppe I differiert von den Kisaresen um 6,7 ± 1,63; die Differenz beträgt also 4,1, so viel wie ihr mittlerer Fehler. Gruppe II ist von der Gruppe I um 3,4 ± 1,63 verschieden. Die Differenz beträgt hier 2,1mal mehr als ihr mittlerer Fehler, die Wahrscheinlichkeit ist demnach 96 : 4. Gruppe I differiert von Gruppe III um das Dreifache ihres mittleren Fehlers: 4,9 ± 1,63. Die Wahrscheinlichkeit ist daher hier ebenso gesichert wie bei Gruppe I und Gruppe IV (6,1 ± 2,21), da sie das 2,8fache ihres mittleren Fehlers, also einer Wahrscheinlichkeit von über 99 : 1 entspricht.

Man ersieht aus dieser Berechnung, daß sie selbst geringe Unterschiede gut zum Ausdruck zu bringen vermag; diese Berechnungsweise eignet sich daher bei anthropometrischen Erhebungen durchaus zum Bestimmen individueller, rassialer, konstitutioneller und auch von Wachstums-Differenzen.

GPSR Compliance

The European Union's (EU) General Product Safety Regulation (GPSR) is a set of rules that requires consumer products to be safe and our obligations to ensure this.

If you have any concerns about our products, you can contact us on ProductSafety@springernature.com

In case Publisher is established outside the EU, the EU authorized representative is:

Springer Nature Customer Service Center GmbH
Europaplatz 3
69115 Heidelberg, Germany

Batch number: 10844827

Printed by Printforce, the Netherlands